# Simetría y belleza en las flores

Carlos Moreno-Castilla

# Simetría y belleza en las flores

Granada, 2025

Colección Divulgación científica

© Carlos Moreno-Castilla
© Universidad de Granada
  Campus Universitario de Cartuja
  Colegio Máximo, s.n., 18071, Granada
  Telf.: 958 243 930 - 246 220
  Web: editorial.ugr.es
  ISBN: 978-84-338-7666-9
  Depósito legal: Gr./1739-2025
  Edita: Editorial Universidad de Granada
         Campus Universitario de Cartuja. Granada
  Fotocomposición: Tarma, estudio gráfico. Granada
  Diseño de cubierta: Tarma, estudio gráfico. Granada
  Imprime: Printhaus. Bilbao

  Printed in Spain                    Impreso en España

Todo tiene su belleza,
pero no todo el mundo la ve.
*Confucio*


*In memoriam*
Mari Carmen Serrano Tur (1950-2019)

A mis hijos Carlos y Laura

# Índice

# Prefacio

Este es un libro de divulgación científica sobre la simetría en las flores. La simetría es de gran importancia en diferentes áreas científicas. Así, en química inorgánica, especialidad a la que he dedicado mi carrera docente e investigadora, la simetría de las moléculas y sólidos cristalinos se utiliza para clasificarlos y predecir muchas de sus propiedades. Además, las formas simétricas abundan en la naturaleza ya que, como se verá en la introducción, existen razones científicas que las explican. Las plantas con flores son las más evolucionadas del reino vegetal, siendo la flor el resultado de la evolución para permitir una reproducción sexual más efectiva. La simetría es una característica importante de las flores que junto a la forma, tamaño, color y olor sirven para atraer a los polinizadores y, además, hacen moldear nuestro sentimiento de belleza.

La estructura y morfología de las flores, así como su diversidad y clasificación, se verán brevemente con el objetivo de resaltar aquellos aspectos que después tendrán importancia al estudiar la simetría floral. Esta se refiere normalmente a la corola y también al perianto. Las flores pueden presentar una corola con simetría bilateral (zigomorfía), radial (actinomorfía) y más raramente bisimetría. A veces las flores no presentan una simetría perfecta debido a razones medio ambientales, genéticas, envejecimiento o a causa de los herbívoros. En este capítulo también se verá la quiralidad, un tipo de simetría que también tiene gran importancia en química inorgánica. En las flores se puede encontrar en la corola y en el órgano sexual femenino (el estilo). En el libro se recogen múltiples fotografías de flores que muestran la diversidad y belleza de la simetría floral. La gran mayoría de las mismas fueron realizadas por mí en Granada, Motril, Calahonda y las Alpujarras, en Asturias (Oviedo, Senda del oso y Naranco) y en Praga.

A continuación se verá la polinización de las flores, fundamentalmente la llevada a cabo por insectos, ya que en ésta tiene una gran importancia la simetría floral y porque los insectos juegan un papel muy importante en la evolución de la misma. Por último se estudiará esta evolución y las bases moleculares de la simetría floral. La evolución de la simetría floral está muy ligada a la aparición de nuevos insectos polinizadores.

Las bases moleculares que controlan la simetría floral se han estudiado usando diferentes plantas modelo. Actualmente, se conocen mejor en la especie denominada boca de dragón, una flor con simetría bilateral, por ello me referiré únicamente a ella en este libro. Por último, también se incluyen las citas bibliográficas usadas en su confección.

La temática de este libro fue objeto de una conferencia impartida en abril de 2024 en un ciclo de divulgación de la ciencia llevado a cabo en el Espacio V Centenario de la Universidad de Granada. Quiero agradecer a Anabel su apoyo durante todo este tiempo. Sinceramente espero que este libro pueda ser de utilidad a otras personas.

# Introducción

La simetría es un fenómeno común en el mundo que nos rodea. En el lenguaje
cotidiano se relaciona con la armonía y atractivo de las formas y proporciones
de un objeto. Sin embargo, no todos los objetos con estas características son
simétricos desde el punto de vista matemático. Por ejemplo, los objetos de la
Fig. 1.1 parecen simétricos por su armonía y atractivo, pero desde el punto de
vista matemático sólo lo son el Iris japonica (lirio japonés), la molécula de
fullereno (C60), la ventana en la fachada de San Miguel de Lillo en Oviedo,
la fíbula amazigh de Melilla, la fuente del Paseo de los Tristes en Granada y
la mariposa monarca.

FIG. 1.1. De izquierda a derecha y de arriba abajo: Iris japonica (lirio japonés). Molécula de fullereno,
C60. Tejido de cachemir. Ventana en la fachada de San Miguel de Lillo (Oviedo). Fíbula amazigh
(Melilla). Fuente del Paseo de los Tristes (Granada). Mariposa monarca.

Por el contrario, al patrón del cachemir que tiene el tejido le faltan elementos de simetría en el lenguaje matemático, ya que según de Real Academia Española (RAE), la simetría matemática es la correspondencia exacta en la disposición regular de las partes o puntos de un cuerpo o figura con relación a un centro, un eje o un plano.

Werner Heisenberg físico teórico alemán y premio Nobel de física en 1932, por sus contribuciones a la mecánica cuántica, indica que: "en última instancia en el centro de la naturaleza encontramos simetrías matemáticas" [Heisenberg, 1966]. O sea, la simetría impregna la naturaleza y esto no es sólo una cuestión estética. ¿Por qué? Por tres razones científicas [du Sautoy, 2009].

Primera, porque es una forma de comunicación básica entre animales y plantas. La simetría tiene que ver con el lenguaje. Es una forma de transmitir información ya sea de alimentación o de superioridad genética. Así, para la abeja la simetría de las flores es fundamental para la supervivencia. La visión del ojo de la abeja ha evolucionado lo suficiente como para percibir que en la simetría está el sustento. Para la abeja, la supervivencia del mejor adaptado significa hacerse un experto en simetría. Además, la planta necesita atraer a la abeja a la flor para que la polinice y así transmitir su herencia genética, por lo que la planta ha intervenido también en ese diálogo natural.

La flor que consigue una simetría perfecta produce una mayor cantidad de néctar y más dulce y por tanto atrae a más abejas y sobrevive más tiempo en la batalla evolutiva. Sin embargo, la simetría es difícil de conseguir y las plantas tienen que gastar más energía y recursos naturales en conseguirla. La planta individual mejor adaptada o más saludable tiene la suficiente energía como para gastarla en crear una forma más simétrica. La flor o el animal con una simetría perfecta envían una señal muy clara de superioridad genética que tienen sobre sus vecinos. Tanto los humanos, como los animales, estamos programados genéticamente para considerar bonitas las formas con simetría perfecta y ser atraídos por ellas [du Sautoy, 2009]. Hay estudios que indican que cuanto más simétricos son los humanos más probable es que empiecen a practicar antes el sexo, pues el objetivo es transmitir sus herencias genéticas cuando están en la plenitud [Millás y Arsuaga, 2022].

Segunda, la simetría no es sólo la precursora del lenguaje si no que es el camino que sigue la naturaleza para ser eficaz y económica. Así, los panales de miel construidos por las abejas tienen celdillas hexagonales, ya que como se ha

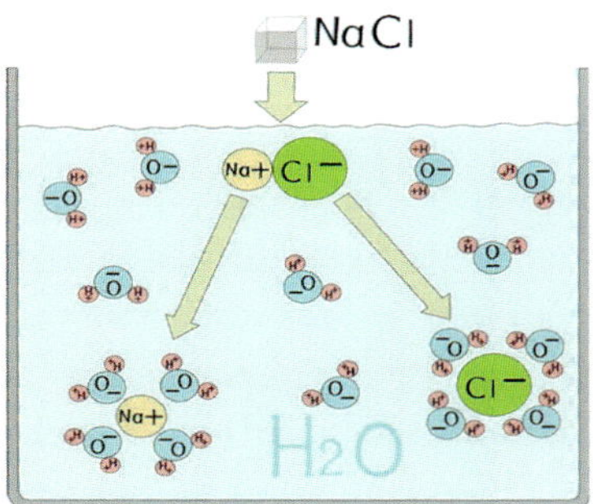


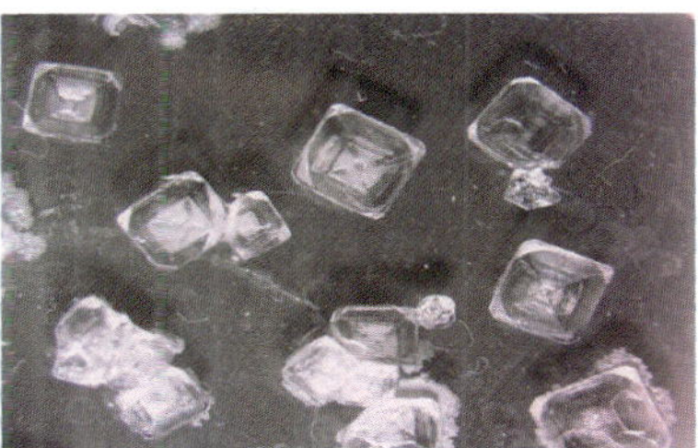

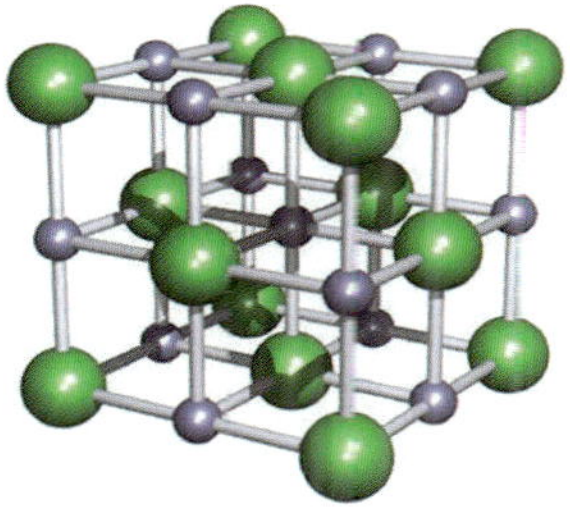

Fig. 1.2. Disolución de NaCl en agua y su posterior cristalización en una red cristalina con simetría cúbica centrada en las caras.

demostrado matemáticamente con los hexágonos se necesita menos cantidad de cera para crear el máximo número de celdas [du Sautoy, 2009].

Tercera, porque la simetría es el estado más estable y eficiente. El mundo inanimado está lleno de ejemplos de atracción de las formas por la simetría. Cuando se crea una pompa de jabón, esta intenta adoptar la forma de una esfera perfecta que es la forma tridimensional con mayor simetría. La química, la física y la biología dependen de una gran variedad de objetos simétricos. Por ejemplo, la cristalización del NaCl a partir de una disolución acuosa de esta sal (Fig. 1.2). En disolución acuosa el NaCl está disociado y los iones Na+ y Cl- se encuentran hidratados debido a la polaridad de las moléculas de agua, estando distribuidos al azar en la disolución y sometidos al movimiento browniano.

Cuando las moléculas de agua se van evaporando lentamente la disolución se va saturando en NaCl, apareciendo en el fondo del recipiente cristalitos cúbicos de esta sal, cuya estructura íntima consiste en un ordenamiento de los iones Na+ y Cl- según una simetría cúbica centrada en las caras.

Por último, la mente humana parece programada para percibir el orden y la estructura de las formas simétricas y, desde tiempos antiguos hasta hoy, la simetría ha jugado un papel muy importante en manifestaciones subjetivas como la poesía, música, arte y arquitectura.

Las plantas con flores o angiospermas son espermatofitas, o sea plantas productoras de semillas, pero como indica su nombre (gr. *angios*: vasija y *sperma*: semilla) éstas se encuentran en el interior del fruto. Las angiospermas son las más evolucionadas del reino de las plantas representando *ca.* del 90% de todas las especies de este reino [Devesa Alcaraz y Carrión García, 2017; Jiang and Moubayidin, 2022]. La clave innovadora básica de la enorme diversidad de las angiospermas es la flor [Simpson, 2019a]. Esta tiene una estructura fascinante con una gran diversidad de tamaño, color, olor, forma y número de componentes y en la que su simetría es una característica decisiva de la diversidad floral. Todo ello diseñado por la evolución con la función específica de conseguir una reproducción sexual más eficiente de la planta. Por tanto, las flores y su diversidad, como componentes del entorno humano, participan en moldear nuestro sentimiento de belleza, la cual se puede considerar un marcador de la evolución.

Las angiospermas aparecieron en la tierra de forma "brusca" con una gran diversidad de estructuras florales y especies durante el Cretácico inferior, *ca.* 129 - 121 millones de años (ma), en zonas tropicales de 0 a 30° de latitud N. Por más que se ha buscado no se ha encontrado ningún fósil incontestablemente angiospermo del Jurásico. Todos los fósiles precretácicos supuestamente angiospermos tienen problemas de interpretación o de datación de los espacios que ocupan [Devesa Alcaraz y Carrión García, 2017].

Darwin utilizó la expresión "misterio abominable" al referirse y tratar de entender el origen, la rápida expansión y el incremento del dominio de las angiospermas sobre las gimnospermas y helechos en la Tierra. Darwin era gradualista y la ausencia de fósiles adecuados le indujo a pensar que las angiospermas aparecieron de repente y triunfaron rápidamente. El término abominable aludía a la negativa y frustración de Darwin por aceptar que el origen de las angiospermas pudiera haber sido repentino y contrario a la acumulación de cambios graduales que planteaba y defendía en su obra [Darwin, 2009].

En un corto espacio de tiempo geológico las angiospermas se diversificaron enormemente y dominaron todos los hábitats terrestres. Actualmente, la hipótesis que prevalece sugiere que las angiospermas se hicieron dominantes a través de un incremento en su máximo potencial para llevar a cabo la fotosíntesis y, por tanto, para la ganancia total de carbono por la planta permitiendo a las angiospermas superar a los helechos y a las gimnospermas, los cuales habían dominado previamente los ecosistemas terrestres. Así, usando una combinación de anatomía, citología y modelado del transporte de agua líquida e intercambio de $CO_2$ entre las hojas de las angiospermas y la atmósfera, se ha obtenido una fuerte evidencia experimental de que la reducción del genoma de las angiospermas fue la causa de su éxito y rápida distribución alrededor de la tierra [Simonin and Roddy, 2018]. Los genomas más pequeños permiten la construcción de células más pequeñas, lo que hace que las hojas tengan muchos estomas pequeños y que aumente la densidad de sus venas. Esto incrementa la velocidad de intercambio de $CO_2$ y $H_2O$ y, por tanto, que se produzca una ganancia neta de carbono fotosintético. La disminución del tamaño del genoma sólo ocurrió entre las angiospermas y fue el prerrequisito necesario para su rápida velocidad de crecimiento entre las plantas terrestres [Simonin and Roddy, 2018].

# Estructura y morfología de la flor. Diversidad y clasificación de las angiospermas



La flor es un conjunto de hojas altamente modificadas que funcionan para atraer a un polinizador o, si no usa ningún polinizador animal, para optimizar la dispersión de los granos de polen. Las flores se forman mediante la expresión de varios genes en los meristemos florales que permiten la diferenciación coordinada de los órganos florales como los sépalos, pétalos, estambres y carpelos, cada uno de ellos diseñados con una función específica para una reproducción eficiente de la planta [Jiang and Moubayaidin, 2022]. Los meristemos están formados por células embrionarias totipotenciales que contienen toda la información genética de la planta completa y pueden convertirse en cualquier tejido de esta.

Los órganos florales procedentes de los meristemos se insertan en el receptáculo que se encuentra en el extremo del pedicelo y que une la flor a la rama (Fig. 2.1). Basado en la distribución de los órganos florales en el receptáculo, las flores pueden ser espiraladas y cíclicas o verticiladas, dependiendo de que los órganos se dispongan en espiral o en círculos alrededor del receptáculo, respectivamente. Estas últimas son las más abundantes entre las angiospermas y en ellas los órganos están organizados en verticilos (Fig. 2.1). Los sépalos y pétalos son los verticilos más externos (forman el cáliz y la corola, respectivamente). Los sépalos cubren el resto de las partes de la flor hasta que esta se abre. La conjunción del cáliz y la corola forman el perianto y este se considera el vestido (clámides) de la flor. Por ello si el cáliz y la corola tienen el mismo color se denomina homoclamídeo, o si el cáliz es verde y la corola de otro color se denomina heteroclamídeo. En algunas flores homoclamídeas los sépalos y pétalos tienen la misma forma, color y tamaño (a veces los sépalos son algo

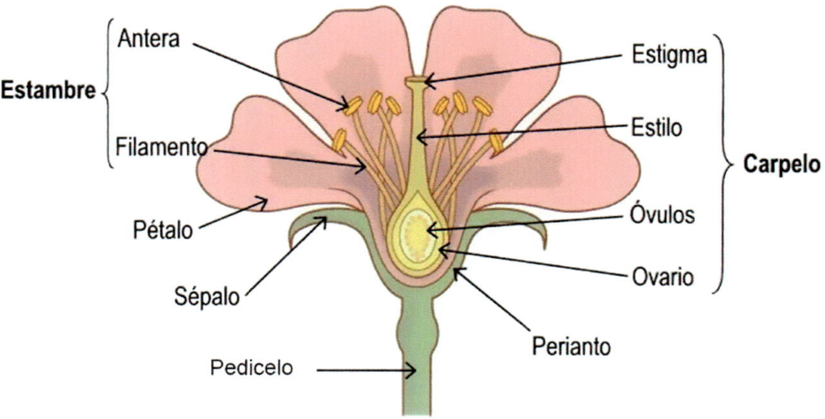


Fig. 2.1. Estructura de una flor.

más pequeños). El perianto homoclamídeo se denomina perigonio y sus piezas tépalos. Por otra parte, las flores dialipétalas tienen los pétalos libres o separados y las gamopétalas los tienen soldados entre sí.

Los estambres y carpelos se sitúan en el interior (son los verticilos correspondientes al androceo y gineceo, respectivamente). Los estambres producen el polen en las anteras. El gineceo está formado por uno o varios carpelos que pueden formar uno o varios pistilos. Cada uno de ellos suele tener una zona ensanchada u ovario, donde se encuentran los óvulos, que se estrecha en el estilo, en cuyo extremo se encuentra el estigma, zona receptora de los granos de polen. Esta sería una flor completa o hermafrodita, ya que contiene los dos verticilos reproductivos en la misma flor. Si sólo contiene uno de los verticilos reproductivos sería una flor imperfecta o unisexual. Las plantas monoicas tienen las flores masculinas y femeninas en el mismo individuo y las plantas dioicas las tienen en individuos distintos. La principal función del perianto es proteger los órganos de reproducción y atraer a los polinizadores por su simetría, color, forma, tamaño y olor.

En base al número de órganos florales en cada verticilo distinto, es decir la merosidad, las flores se pueden clasificar en trímeras, tetrámeras y pentámeras, en las cuales los órganos pertenecientes a cada verticilo son tres, cuatro y cinco (o múltiplo de esos números) respectivamente [Ronse de Craene and Smets, 1994; Jiang and Moubayidin, 2022].

La morfología, número y posición de los órganos florales en el perianto, determina principalmente la arquitectura de la flor. Así, siempre ha sido el fenotipo principal que define su simetría. La arquitectura simétrica del perianto forma el andamio de la flor, por lo que los cambios en su morfología, incluyendo los tipos de simetría, tienen consecuencias directas en la función de la flor, es decir, en su eficiencia reproductora [Jiang y Moubayidin, 2022].

Las flores dobles son aquellas que presentan un número extra de pétalos muy superior al número usual para la especie en cuestión, debido a que en ellas un grupo de estambres son reemplazados por pétalos. Esta es una de las características de muchas especies ornamentales como rosales, camelias, claveles, etc. Estos cultivares son grupos de plantas seleccionadas artificialmente por diversos métodos, propagándose muchas de ellas asexualmente mediante esquejes o estacas.

Las flores pueden originarse de forma solitaria en el extremo de los tallos principales terminales o en extremos de tallos cortos laterales, que se originan en las axilas de las hojas o en forma opuesta a ellas. Sin embargo, es muy frecuente que las flores se dispongan en sistemas ramificados especiales denominados inflorescencias, que muchas veces están relacionados con la mejora de la capacidad de atracción de los polinizadores, la eficiencia del intercambio del polen o la eficacia en la dispersión de los frutos.

En una inflorescencia las flores pueden estar sentadas sobre los tallos o sostenidas por un tallo más o menos largo y ramificado. La arquitectura de las inflorescencias entre las angiospermas es muy diversa pudiendo ser simples o compuestas. Las simples a su vez pueden ser racemosas o cimosas, dependiendo del destino del meristemo terminal del tallo. En las inflorescencias racemosas este meristemo promueve el crecimiento de la inflorescencia produciendo meristemos laterales que producirán flores o bien tallos laterales secundarios que repetirán el modelo del tallo principal. En las inflorescencias cimosas el meristemo terminal del tallo forma una flor y el crecimiento de la inflorescencia resulta del desarrollo de uno o más tallos laterales que a su vez repiten este modelo. Las inflorescencias compuestas surgen al asociar de formas diferentes los módulos cimosos y/o racemosos [Coen and Nugent, 1994; Prenner et al., 2009; Citerne et al., 2010]. La Fig. 2.2 muestra algunos ejemplos de inflores-

Fig. 2.2. Ejemplos de inflorescencias. De izquierda a derecha y de arriba abajo: Umbela en *Pelargonium hortorum*, geranio. Corimbo en *Iberis amara*. Espádice en *Anthurium andreanum*. Capítulo en *Gazania rigens*. Aumento del centro del capítulo. Panícula en *Aesculus x carnea*, castaño de indias rojo.

cencias como umbela, corimbo, espádice, capítulo o cabezuela y panícula. La inflorescencia en capítulo como en la *Gazania rigens* es típica de las asteráceas también llamadas flores compuestas. Así, una ampliación del centro de la Gazania muestra las pequeñas flores situadas en el capítulo.

## 2.2. Diversidad y clasificación de las angiospermas

El campo de la botánica que se ocupa de la descripción, identificación, nomenclatura, y clasificación de las plantas y otras especies vivas es la taxonomía. Esta consiste en un sistema jerárquico cuyas categorías reflejan parentesco. Así, una especie es un conjunto de organismos reproductivamente homogéneo capaz de producir descendencia fértil, aunque cambiante a lo largo del tiempo y el espacio. Las especies que provengan de un antepasado común, además de los caracteres diferenciados específicos, pueden tener otros muchos comunes y, por tanto, se pueden agrupar en una categoría superior, el género. De igual

Fig. 2.3. *Anthirrinum majus,* boca de dragón, blanca.

modo, si varios géneros tienen caracteres comunes se pueden agrupar en otra categoría superior, la familia y así sucesivamente, las familias se agrupan en órdenes, los órdenes en clases, las clases en divisiones y las divisiones en reinos. Las especies se nombran utilizando un sistema bimodal con dos palabras latinas, la primera es un sustantivo y la segunda un adjetivo. Así, por ejemplo, la especie *Anthirrinum majus*, Fig. 2.3, cuyo nombre vernáculo es boca de dragón. Género: *Anthirrinum.* Familia: Scrofulariaceae. Orden: Lamiales. Clase: Eudicotiledóneas. División: Angiospermas. Reino: Plantas [Cavero y López, 2007].

Las angiospermas están constituidas por *ca.* 270.000 especies distribuidas en unas 400 familias, siendo el número de especies presentes en España *ca.* 7.500 [Devesa Alcaraz y Carrión García, 2017]. Las relaciones e historia de un grupo de organismos como las angiospermas tanto actuales o vivas, como ya extintas y que evolutivamente provienen de un ancestro común se denomina clado. Las relaciones dentro del clado se determinan por métodos taxonómicos y por deducción filogenética enfocados en las características transmisibles observadas, como la secuencia del ADN, la de las proteínas o la morfología. Generalmente estas relaciones filogenéticas se representan en forma de cladograma o árbol filogenético [Simpson, 2019b]. Este tiene una estructura ramificada y las ramas

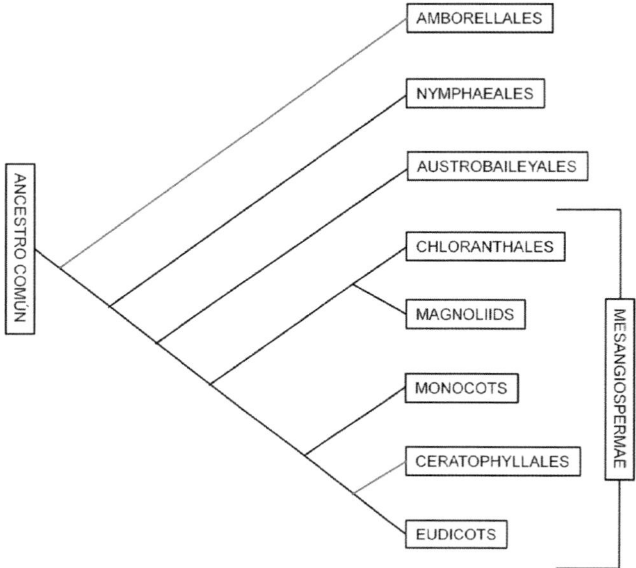


FIG. 2.4. Cladograma muy simplificado de las angiospermas.

del árbol se conocen como linajes y representan la secuencia ancestral-descendiente de poblaciones a lo largo del tiempo

La Fig. 2.4 muestra un cladograma muy simplificado de las principales clases de las angiospermas basado en el APG IV (Angiosperme Phylogenic Group IV) publicado en 2016 [Simpson, 2019b; 2019c]. La gran mayoría de ellas, en términos de diversidad de especies, pertenecen a dos clases: monocotiledóneas y eudicotiledóneas. Así, las monocotiledóneas o monocots representan alrededor del 22 % de las angiospermas, mientras que las eudicotiledóneas o eudicots (dicotiledóneas verdaderas) es un grupo mucho más grande ya que contiene el 75 % de las angiospermas. Tradicionalmente las dicotiledóneas se definían como aquellas plantas que poseían embriones con dos cotiledones (parte del embrión y de la semilla que dará lugar a la primera hoja). Sin embargo, hoy en día se acepta que la posesión de dos cotiledones es un hecho ancestral en las angiospermas y no una peculiaridad evolutivamente novedosa de ningún otro linaje de las mismas [Simpson, 2019b]. Las monocots son principalmente dímeras o trímeras y las eudicots son tetrámeras o pentámeras [Ronse de Craene and Smets, 1994].

# Simetría floral



## 3.1. Elementos y operaciones de simetría

El nombre simetría floral se refiere en teoría a la estructura entera de la flor incluyendo todas las partes (sépalos, pétalos, androceo y gineceo). Sin embargo, en la práctica el término simetría floral se aplica fundamentalmente al perianto, particularmente a la corola, ya que es la parte más notable de la flor, estando implicada en la atracción del polinizador [Dameral and Nadot, 2017]. De acuerdo con esto la simetría floral se define durante el período de antesis, o de apertura de la flor, desde un punto de vista frontal considerando una proyección plana de la misma. Existiendo muy pocos estudios de la simetría floral desde un punto de vista tridimensional [Citterne et al., 2010].

La simetría es un concepto geométrico que puede aplicarse a organismos vivos y objetos inanimados. Así, una flor, un animal, un cristal o una molécula se dice que tienen simetría si poseen dos o más orientaciones en el espacio que son indistinguibles, y el criterio para evaluar éstas se basa en los elementos y en las operaciones de simetría, Tabla 3.1.

Tabla 3.1. Elementos y operaciones de simetría

| Elemento de simetría | Operación de simetría | Símbolo |
| --- | --- | --- |
| Centro de simetría | Inversión | $i$ |
| Eje de simetría de orden n | Rotación $2\pi/n$ | $C_n$ |
| Plano especular | Reflexión | $\sigma$ |
| | Identidad | $E$ |

Fig. 3.1. Elementos de simetría en la *Chelidonium majus*, celidonia mayor o flor verruguera.

Una operación de simetría mueve a la flor alrededor de un punto, una línea recta o un plano (elementos de simetría) a una posición indistinguible de la posición original. Si una flor permanece sin cambio después de aplicar todo el conjunto de operaciones de simetría que posee, la simetría resultante sería el grupo de simetría en dos dimensiones al que pertenece la flor [Conway et al., 2016]. Algunos grupos de simetría son finitos pues tienen un número de operaciones de simetría concreto, como son los de las flores, y otros son infinitos puesto que contienen operaciones de simetría como las translaciones [Savriama and Klingenberg, 2011; Savriama, 2018].

La notación de Schoenflies usada normalmente en cristalografía y en química es la que se va a seguir en este libro [Huheey et al., 1993; Conway et al., 2016]. La Tabla 3.1 recoge los elementos y operaciones de simetría que se verán en las flores y para explicarlos se tomará como ejemplo la *Chelidonium majus* de la familia de las Papaveraceae y cuyo nombre vernáculo es celidonia mayor o flor verruguera (Fig. 3.1).

El elemento de simetría con respecto a un punto es el centro de simetría, $i$, o centro de inversión. Así, en la Fig. 3.1, aparece un centro de simetría a mitad de camino entre dos pétalos opuestos, y la operación de simetría intercambia los dos pétalos opuestos sin que cambie la figura de la flor. Aunque el pétalo inferior tiene unas ligeras ondulaciones en su borde que hace que la simetría no sea completamente perfecta.

El elemento de simetría con respecto a una línea recta es un eje de rotación. Una rotación de 90, 180, 270 y 360° de la *Chelidonium majus* alrededor de un eje vertical, que pase por el centro de simetría, no cambia la flor. Esta es otra operación de simetría denominada rotación, en este caso el eje es de orden cuatro o cuaternario, $C_4$. En general, una rotación de orden n, $C_n$, es una operación de simetría si la flor no cambia después de una rotación de 360°/n (Tabla 1). Otro elemento de simetría es un plano especular, $\sigma$, y la operación de simetría es la reflexión (Tabla 1) de los pétalos de la *Chelidonium majus* en cualquiera de los cuatro planos especulares que posee, como se puede observar en la Fig. 3.1. Estos planos son verticales y contienen al eje de rotación y se representan como $\sigma_v$. Por último, una operación de simetría $C_1$ es una rotación de 360° y al aplicarla a la *Chelidonium majus* da como resultado la misma flor con la que empezamos. Esta operación se denomina de identidad, $E$, y deja al objeto sin alterar (Tabla 3.1). Todos los objetos tienen al menos esta operación, incluso algunos es la única operación de simetría que poseen y es necesaria para clasificar a las flores y otros objetos según su simetría [Huheey et al., 1993; Conway et al., 2016].

La *Chelidonium majus* por tanto tiene los siguientes elementos de simetría: $i$, $C_4$, 4 $\sigma_v$ y $E$. Este conjunto de operaciones de simetría generadas por estos elementos forma un grupo de simetría rotacional y de reflexión con notación $C_{4v}$. En general, cuando las flores poseen un eje de rotación $C_n$ y n planos especulares que contienen al eje de rotación pertenecen al grupo de simetría rotacional y de reflexión $C_{nv}$. Por otra parte, si las flores poseen únicamente simetría rotacional de orden n, el grupo de simetría se denomina rotacional y su notación es $C_n$. [Savriama and Klingenberg, 2011; Conway et al., 2016].

## 3.2. FLORES ZIGOMORFAS, ACTINOMORFAS Y BISIMÉTRICAS

Las flores son predominantemente simétricas y raramente asimétricas. Así, las flores asimétricas encontradas en un estudio de 241 familias de angiospermas fueron el 4,7 % de la eudicots y el 3,4 % de la monocots [Neal et al., 1998; Spencer and Kim, 2018]. En las flores existen dos tipos importantes de simetría, la bilateral y la radial, que dan lugar a las flores zigomorfas y actinomorfas, respectivamente. En el estudio citado anteriormente se encontró que de 89 familias con simetría bilateral el 85% eran eudicots y el 15% monocots, mientras que de 197 familias con simetría radial el 89% eran eudicots y el 11% monocots [Neal et al., 1998]. Por otra parte, la simetría bilateral se da preferentemente en inflorescencias racemosas y la simetría radial se presenta tanto en inflorescencias racemosas como cimosas [Coen and Nugent, 1994; Citerne et al., 2010].

Un tipo más raro de simetría es la bisimetría o disimetría que se da en muy pocos clados de las magnólidas y de las eudicots [Citerne et al., 2010]. Los tipos de simetría no siempre son fijos si no que pueden cambiar [Jiang and Moubayidin, 2022], así durante el proceso de ontogénesis la flor puede presentar una simetría distinta al principio de su desarrollo que en su madurez. También puede ocurrir durante su evolución (filogénesis) como se demuestra por la reversión varias veces de la simetría bilateral a radial [Reyes el al., 2016] y que se verá más adelante. Además, a veces las flores pueden ser ligeramente zigomorfas o actinomorfas

Las flores zigomorfas presentan simetría bilateral ya que son simétricas con respecto a un plano especular que las divide en dos mitades que son imágenes especulares. La Fig. 3.2 recoge varios ejemplos de flores zigomorfas. La reflexión sobre el plano especular de la *Salvia greggi* (Fig. 3.2) es la operación que deja invariable a esta flor y es junto con la operación de identidad las dos operaciones de simetría que caracterizan la simetría bilateral. Esta simetría es típica de la familia de las Lamiaceae como las *Salvias* y el *Teucrium fruticans*, olivillo, (Fig. 3.2) siendo esta familia una de los mayores del reino vegetal junto con las Orquidaceae como la *Phalaenopsis amabilis*, orquídea mariposa (Fig. 3.2). El resto de las flores de esta Figura son todas zigomorfas como la *Gaura lindheimeri*, de la familia de las Onagraceae; la *Polygala myrtifolia*, de la familia de las Poligalaceae; la *Viola x wittrockiana*, pensamientos, de la familia de las Violaceae; la *Catalpa bignonioides*, de la familia de las Bignoniaceae y la

Fig. 3.2. Flores zigomorfas. De izquierda a derecha y de arriba abajo: *Salvia greggi. Teucrium fruticans*, olivillo. *Salvia microphylla*, chupeticos. *Phalaenopsis amabilis*, orquídea mariposa. *Gaura lindheimeri. Polygala myrtifolia. Viola wittrockiana*, pensamiento rojo. *Catalpa bignonioides* y *Antirrhinum majus*, boca de dragón roja.

*Antirrhinum majus*, boca de dragón, de la familia de las Scrofulariaceae, esta última en Figs. 2.3 y 3.2.

El grupo de simetría al que pertenecen las flores zigomorfas es el $C_{1v}$. Para la mayoría de estas flores el único plano de simetría está orientado verticalmente. Sin embargo, en algunas familias este plano puede estar orientado oblicuamente u horizontalmente. A veces la rotación del pedicelo en la madurez de la flor resulta con el plano de simetría orientado verticalmente [Citerne et al., 2010].

FIG. 3.3. Flores actinomorfas trímeras y tetrámeras. De izquierda a derecha y de arriba abajo: *Tradescantia fluminensis*, amor de hombre. *Eruca vesicaria*, oruga o rúcula. *Oenothera rosea*. *Philadelphus coronarius*, celindo.

La *Tradescantia fluminensis*, con nombre vernáculo amor de hombre, Fig. 3.3, tiene tres pétalos y es una monocot que pertenece a la familia de las Commelinaceae. Posee $C_3$, 3 $\sigma_v$, así como $E$. Por tanto, su grupo de simetría es el $C_{3v}$.

El resto de flores de la Fig. 3.3 como la *Eruca vesicaria*, oruga o rúcula, de la familia de las Brassicaceae; la *Oenothera rosea*, de la familia de las Onaegraceae y la *Philadelphus coronarius*, celindo, de la familia de las Hidrangeaceae, son todas flores tetrámeras y pertenecen al mismo grupo de simetría que la *Chelidonium majus*, $C_{4v}$.

Fig. 3.4. Flores actinomorfas pentámeras. De izquierda a derecha y de arriba abajo: *Pelargonium hortorum*, geranio. *Graptopetalum paraguaiense*, madreperla. *Aquilegia caerulea. Brunnera macrophyla. Geum coccineum. Malva sylvestris*, malva común. *Cistus albidus*, jara clara. *Silene coronaria*, clavel lanudo. *Prunus cerasifera,* ciruelo de jardín.

Ejemplos de flores actinomorfas pentámeras se recogen en la Fig. 3.4. El *Pelargonium hortorum*, geranio, de la familia de las Geraniaceae. La *Graptopetalum paraguaiense*, madreperla, de la familia de las Crasulaceae. La *Aquilegia caerulea*, de la familia de las Ranunculaceae, es una flor heteroclamídea con los pétalos blancos y los sépalos azules. La *Brunnera macrophyla*, de la familia de las Boraginaceae. La *Geum coccineum*, de la familia de las Rosaceae; la *Malva sylvestris*, malva común, de la familia de las Malvaceae; la *Cistus albidus*, jara

Fig. 3.5. Flores actinomorfas gamopétalas. De izquierda a derecha: *Lyciantes rantonetti*, solano de flor azul y *Petunia x hybrida*.

clara, de la familia de las Cistaceae. La *Silene coronaria*, clavel lanudo, de la familia Cariofilaceae y la *Prunus cerasifera,* ciruelo de jardín, de la familia de las Rosaceae. Los elementos de simetría de todas estas flores están representados como ejemplo en la figura del *Pelargonium hortorum*. Así, todas estas flores poseen $C_5$, $5\,\sigma_v$ y $E$. Su grupo de simetría, por tanto, es el $C_{5v}$.

Las flores con simetría actinomorfa vistas hasta ahora son todas dialipétalas o con los pétalos separados. Ejemplos de flores actinomorfas gamopétalas o con los pétalos soldados entre si se dan en la Fig. 3.5. La *Lyciantes rantonetti*, solano de flor azul y la *Petunia x hybrida*, ambas de la familia de las Solanaceae, presentan cinco gruesos radios dispuestos de tal forma que hacen que el grupo de simetría al que pertenecen sea el $C_{5v}$, el mismo que el de las flores dialipétalas.

Las flores de la Fig. 3.6 son todas trímeras con seis tépalos. Estas flores pertenecen a las monocots. Se cree que los tépalos indiferenciados son la condición ancestral de las angiospermas. Así, en la evolución de éstas habrían surgido sépalos y pétalos distintos por diferenciación, probablemente en respuesta a la polinización animal [Ronse de Craene, 2007].

Fig. 3.6. Flores actinomorfas trímeras (seis tépalos). De izquierda a derecha y de arriba abajo: *Lilium candidum*, azucena. *Zephyrantes candida*, azucenita de río. *Tulbaghia violacea*, ajo de jardín y *Hemerocallis*, lirio de día.

La Fig. 3.6 muestra una azucena, *Lilium candidum*, de la familia de las Liliaceae, la *Zephyrantes candida* o azucenita de río y la *Tulbaghia violacea* o ajo de jardín pertenecen a la familia de las Amarilidaceae y la *Hemerocallis* o lirio de día, de la familia de las Asphodelaceae. Este genero tiene varias especies y cultivares obtenidos de ellas, siendo el de la Fig. 3.6 conocido como "Stella de oro". En estas flores se observa que los tépalos procedentes de los sépalos están en un plano distinto a los que provienen de los pétalos, por ello el grupo de simetría al que pertenecen cada grupo de tépalos sería como en una flor trímera, o sea, $C_{3v}$.

FIG. 3.7. *Passsiflora caerulea*, pasionaria.

FIG. 3.8. Flores bisimétricas. De izquierda a derecha: *Hydrangea quercifolia*, hortensia de hoja de roble y *Begonia cucullata*, begonia.

La *Passsiflora caerulea*, pasionaria, Fig. 3.7, de la familia de las Pasifloraceae, posee diez tépalos que se encuentran todos en el mismo plano, siendo iguales en color y muy similares en tamaño, por lo que sus elementos de simetría serían: $i$, $C_{10}$, 10 $\sigma_v$ y $E$, y su grupo de simetría el $C_{10v}$.

Por último, como ejemplos de flores bisimétricas la Fig. 3.8 muestra la *Hydrangea quercifolia*, hortensia de hoja de roble, de la familia de las Hydrangeaceae, y la *Begonia cucullata*, begonia, de la familia de las Begoniaceae. Estas flores presentan un centro de simetría, i, un eje de rotación $C_2$ que es perpendicular al centro de la corola, 2 $\sigma_v$ y $E$ por lo que pertenecerán al grupo de simetría $C_{2v}$, ya que los dos planos especulares contienen al eje de rotación $C_2$ [Savriama and Klingenberg, 2011].

## 3.3. FLORES QUIRALES

### 3.3.1. CONCEPTO DE QUIRALIDAD

La quiralidad es la propiedad que tiene un objeto, estructura o figura geométrica de no ser superponible con su imagen especular. El término, acuñado por Lord Kelvin en 1893, está relacionado con la palabra mano (en griego), ya que la mano izquierda es una imagen especular no superponible de la mano derecha y viceversa.

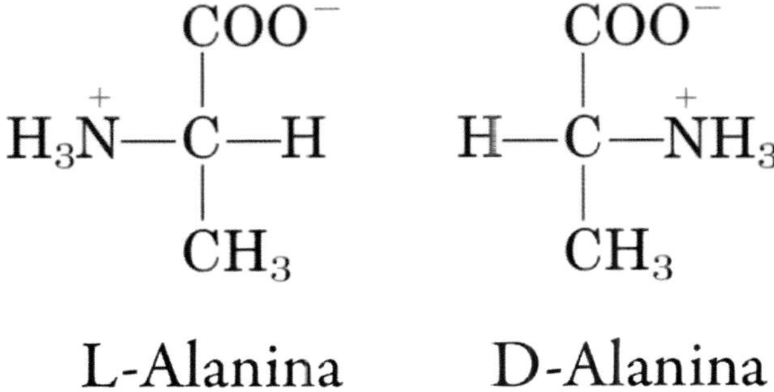

FIG. 3.9. Representación en un plano de los enantiómeros levo (L) y dextro (D) del aminoácido alanina.

La quiralidad es de gran importancia en distinto campos de la ciencia como en la química, biología y física. Por ejemplo, el aminoácido alanina (Fig. 3.9) presenta quiralidad y las dos formas quirales se denominan enantiómeros, son isómeros con quiralidad opuesta, uno L (levo) y otro D (dextro). Los dos enantiómeros son ópticamente activos, y se diferencian en el sentido en que desvían el plano de polarización de la luz polarizada plana cuando esta atraviesa una disolución del enantiómero correspondiente. Así, uno desvía este plano hacia la derecha (dextrógiro) y el otro hacia la izquierda (levógiro). Los objetos quirales que no son moléculas se denominan enantiomorfos

Los objetos quirales (moléculas y flores) no tienen centro de inversión ni plano de simetría o plano especular, pero con frecuencia poseen ejes de simetría, por lo que no son asimétricos (sin simetría). En el caso de las flores la quiralidad se puede presentar en la corola, por la distribución o por la simetría de los pétalos y por la disposición del órgano sexual femenino (enantioestilia).

### 3.3.2. QUIRALIDAD EN LA COROLA

Una de las formas en que la quiralidad de la corola se hace visible es cuando la flor está abierta, durante el período de antesis, debido a como se realiza la superposición de cada pétalo con su vecino próximo (Fig. 3.10). Así, cuando cada pétalo se superpone sobre su vecino más próximo en sentido horario la flor es sinistrorsa. Sin embargo, si esa superposición es en sentido antihorario la flor es dextrorsa [Diller and Fenster, 2016].

La Fig. 3.11 muestra flores enantiomorfas del *Hibiscus rosa-sinensis*, de la familia de las Malvaceae, cuyas imágenes no son superponibles. La Fig. 3.11 (izquierda) es una flor dextrorsa mientras que la Fig. 3.11 (derecha) es una flor sinistrorsa, de acuerdo con lo dicho anteriormente.

Si se compara la flor con un molinillo de viento, la sinistrorsa giraría a la izquierda y la dextrorsa a la derecha. Por otra parte, las dos flores enantiomorfas presentan también una mancha que forman los pétalos en su parte más baja por donde se unen a la corola y que son imágenes especulares. Esta mancha tiene forma de estrella pentagonal en la que cada uno de los brazos tiene una parte redondeada y la otra algo más recta. La flor sinistrorsa tiene el lado algo más recto a la izquierda y la dextrorsa a la derecha. Por lo que la parte más recta de cada uno de los brazos de la estrella rige el movimiento del molinillo de viento. Estas dos flores enantiomorfas del hibisco se encontraron en el mismo individuo.

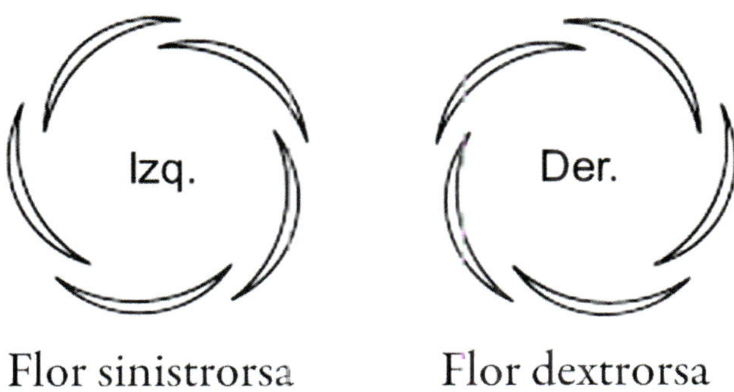


Fig. 3.10. Las dos formas de quiralidad en la corola de las flores.

Fig. 3.11. *Hibiscus rosa-sinensis*, hibisco. De izquierda a derecha: flor dextrorsa y flor sinistrorsa.

Otros ejemplos de corolas quirales se da en la Fig. 3.12 donde la *Plumeria alba* y la *Cascabela thevetia* de la familia de las Apocinaceae y el *Geranium pratense* o geranio de las praderas, de la familia de las Geraniaceae, son flores dextrorsas. Sin embargo, el *Abutilon pictum* o farolito japonés de la familia de las Malvaceae es una flor sinistrorsa. Al contrario que en el caso del hibisco los individuos que producen estas flores sólo dan uno de los dos enantiomorfos.

FIG. 3.12. Flores con corolas quirales. De izquierda a derecha y de arriba abajo: *Plumeria alba*. *Cascabela thevetia*. *Geranium pratense*, geranio de la pradera y *Abutilon pictum*, farolito japonés.

El estudio de las corolas quirales en el clado de las angiospermas [Endress 2001; Diller and Foster, 2016] indica que existen dos tipos de especies: no fija y fija. Al primer tipo pertenecen aquellas que producen los dos enantiomorfos en el mismo individuo, mientras que en las especies fijas todos los individuos de la misma especie exhiben solo uno de los enantiomorfos. La mayoría de las especies fijas son del clado de las Astéridas y la mayoría de las no fijas son del clado de las Rósidas. Además, la quiralidad de la corola de una flor parece ser independiente de la que tenga la flor vecina más próxima, lo que indica que hay una distribución al azar de los tipos de corola dentro de un individuo.

Fig. 3.13. *Hypericum perforatum*, hipérico o hierba de San Juan. De izquierda a derecha: flor dextrorsa y flor sinistrorsa.

Hay flores con quiralidad en la corola en la que no se da la superposición de los pétalos como en el caso del *Hypericum perforatum*, hipérico o hierba de San Juan, de la familia de las Hipericaceae, Fig. 3.13. Sin embargo, la quiralidad es distinguible debido a la asimetría de cada uno de los pétalos [Diller and Fenster, 2016], ya que uno de los lados es algo redondeado y el opuesto es algo más recto y con una hendidura en el borde. Esta forma y disposición de los pétalos es similar a la figura en forma de estrella que aparece en el centro de la corola de los hibiscos (Fig. 3.11). Así, y de acuerdo con la denominación de los enantiomorfos usada con ellos, cuando se mira a la flor de hipérico desde arriba el enantiomorfo sinistrorso tiene el lado más recto de cada pétalo a la izquierda, mientras que el dextrorso lo tiene a la derecha. Ambos serían como dos molinillos de viento en el que el sinistrorso giraría a la izquierda (en sentido antihorario) y el dextrorso a la derecha (en sentido horario).

La Fig. 3.14 muestra otras flores quirales en las que los pétalos son asimétricos. Así, la *Vinca major*, hierba doncella, *Vinca minor* y *Nerium oleander*, adelfa, son las tres de la familia de las Apocinaceae y la *Borago officinalis*, borraja, de la familia de las Boraginaceae. Todas son flores dextrorsas.

Las flores quirales que aparecen en este apartado, Figs. 3.11 a 3.14, sólo poseen un eje de rotación $C_5$ además de la operación de identidad por lo que pertenecen al grupo de simetría rotacional $C_5$.

Fig. 3.14. Otras flores quirales. De izquierda a derecha y de arriba abajo: *Vinca major,* hierba doncella. *Vinca minor. Nerium oleander,* adelfa y *Borago officinalis,* borraja.

Hay otro aspecto relacionado con la quiralidad en la corola que veremos a continuación. El color de los pétalos se debe a la presencia de diferentes pigmentos. Así, en muchas flores amarillo-anaranjadas los pigmentos encontrados en los pétalos son carotenoides localizados en los cromoplastos los cuales pueden tener diferentes morfologías [Zsila et al., 2001]. Algunos ensamblajes de estos cromoplastos presentan centros quirales y, por tanto, actividad óptica. Esto hace que puedan desviar el plano de la luz polarizada plana a derecha o izquierda dependiendo de si el cromoplasto es dextrógiro o levógiro, respectivamente. Estas propiedades ópticas se han estudiado con pétalos de diferentes familias y especies mediante la técnica de dicroísmo circular [Zsila et al., 2001], técnica muy usada en química para el estudio de estas propiedades.

Las conclusiones obtenidas son que hay una relación entre la estructura fina de los cromoplastos y la presencia de actividad óptica en los pétalos de las flores, siendo los cromoplastos tubulares las principales fuentes de quiralidad. Por otra parte, una fracción de la luz solar que llega a la superficie de la tierra está polarizada y puede ser que su interacción con los centros quirales de los pétalos sea captada por los ojos de ciertos insectos (abejas y mariposas) invitándoles a polinizar esas flores.

### 3.3.3. Enantioestilia

La enantioestilia es otra forma de quiralidad, pero en este caso en el órgano sexual femenino. Se presenta en las flores zigomorfas y consiste en que el estilo y el estigma no se encuentran en medio de la flor si no que están curvados hacia la izquierda o hacia la derecha, de manera que son imágenes especulares una de la otra (Fig.3.15).

La enantioestilia es el resultado de la evolución para evitar la autopolinización y se encuentra en al menos catorce géneros de diez o más familias [Barret et al., 2000; Jesson and Barret, 2002]. En la gran mayoría de los casos ambos enantiomorfos se dan en el mismo individuo (enantioestilia monomorfa). Sólo en unas pocas especies de tres familias de monocotiledóneas los dos enatiomorfos están separados en diferentes individuos (enantioestilia dimorfa) [Endress, 2001].

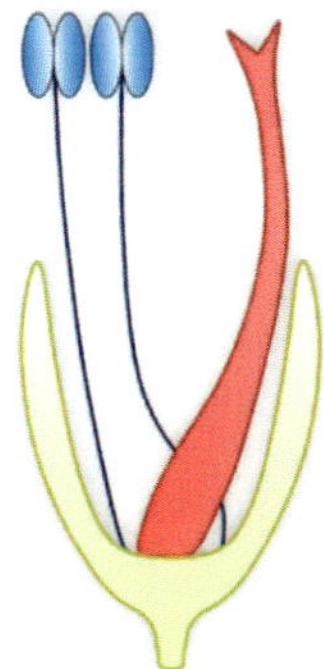
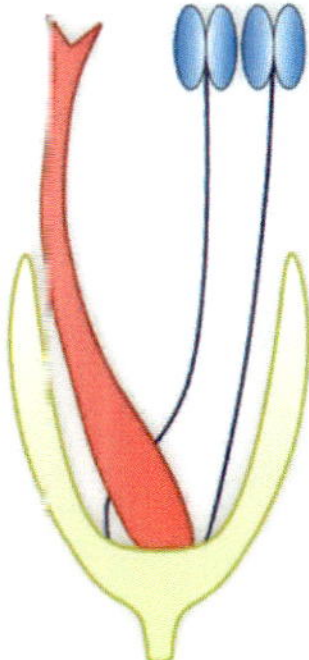

Fig. 3.15. Enantioestilia.

# Polinización

A continuación se verá la polinización de las flores haciendo especial hincapié en la polinización por insectos, ya que estos juegan un papel importantísimo por dos motivos fundamentales: i) son atraídos por la simetría floral y ii) son los responsables de la evolución de esta simetría.

La polinización consiste en el transporte de los granos de polen desde la antera hasta el estigma de la flor. Esta puede ser realizada por la misma planta (autopolinización), por el viento (anemófila) o por vectores animales (zoófila). En el caso de la autopolinización pocas plantas la llevan a cabo y muchas de ellas tienen flores discretas que no llaman la atención. Pueden crecer en áreas donde los tipos de insectos u otros animales polinizadores están ausentes o son muy escasos como en el Ártico o en las altas montañas. El problema de la autopolinización es que, por una parte, la planta desperdicia toda la energía que ha puesto en su reproducción y, por otra, podría dar lugar a poblaciones más débiles con muchas mutaciones acumuladas haciéndose más vulnerables.

Hay varios mecanismos para evitar la autopolinización y favorecer la fecundación cruzada para incrementar la diversidad genética. Así, en las plantas hermafroditas los mecanismos más sencillos observados son la hereroestilia, la enantioestilia [Endress, 2001; Jesson and Barret, 2002] y el desfase en la maduración de los órganos sexuales. La heteroestilia consiste en que los órganos sexuales son de distintos tamaños, estilos largos y estambres cortos o al revés; a veces algunas especies en vez de cambiar los tamaños fabrican un tapón sobre el pistilo como en el caso de las orquídeas del género *Calotropis* [Encina Santiso y Pimentel Pereira, 2020]. También la enantioestilia promueve la polinización cruzada en plantas polinizadas por abejas, y disminuye el nivel de autopolinización [Jesson and Barret, 2002]. Por último, las plantas también han desarrollado un control más sofisticado a nivel molecular para controlar la autopolinización, que implica el reconocimiento de las proteínas de la cubierta del grano de polen por el pistilo en un modelo llave-cerradura [Encina Santiso y Pimentel Pereira, 2020]. Genéticamente la autoincompatibilidad está controlada por el gen S, así, el grano de polen sólo podrá fecundar al óvulo si su versión de este gen es distinta a la de la planta receptora.

En la polinización anemófila los estambres y pistilos se encuentran al aire. Muchas de estas flores no tienen pétalos ni sépalos y no son llamativas pues no necesitan a los insectos. Las corolas son un estorbo y las inflorescencias típicas suelen ser en racimo.

## 4.1. POLINIZACIÓN ZOÓFILA

En la polinización zoófila los insectos, aves, murciélagos y otros animales son atraídos por el néctar producido por las glándulas nectarias o nectarios que constituye la recompensa floral más común para los animales visitantes de las flores, Fig. 4.1.

Los nectarios pueden situarse extra floralmente o más corrientemente en el perianto (sépalos y pétalos), sobre los estambres o en la base externa del ovario. El néctar es un líquido transparente que se produce en cantidad escasa en la mayoría de las flores y consiste en una disolución azucarada que contiene fundamentalmente sacarosa, glucosa, fructosa y a veces otros azúcares simples, polisacáridos y aminoácidos [Lunau et al., 2020].

La mayoría de las flores esconden el néctar, el cual es imperceptible para el ojo humano, e imposibilitan su percepción desde cierta distancia a algunos animales que visitan las flores por ese néctar. Incluso estos animales no sienten el néctar hasta que éste no entra en contacto con sus glándulas gustativas. La razón de esconder el néctar puede deberse a evitar su dilución por la lluvia o su evaporación por el calor. Es ampliamente aceptado que muchas flores presentan guías del néctar para dirigir a los visitantes hacia el nectario. Estas guías generalmente están situadas cerca del centro de la flor y son manchas o líneas en los pétalos que convergen hacia los nectarios o bien es un centro de color contrastante (Fig. 4.2). A veces el nectario es visible a longitudes de ondas en el ultravioleta (UV) que son detectables por los ojos de algunos insectos y que pasan desapercibidos para el ojo humano [Lunau et al., 2020]. Así, muchos himenópteros como las abejas tienen visión tricrométrica con receptores en el UV, el azul y el verde [Chittka et al., 1994].

Fig. 4.1. Insectos polinizadores.

Fig. 4.2. De izquierda a derecha guías del néctar en: *Viola wittrockiana*, pensamiento bicolor, *Viola wittrockiana*, pensamiento azul y *Geranium molle*, geranio de los caminos.

Cuando el vector polinizador aterriza o se cierne (colibrí, murciélago) sobre una flor para libar su néctar, las anteras cubren algunas partes del cuerpo del animal como cabeza, abdomen o espalda con granos de polen, lo que es facilitado por la morfología de la flor. Siendo por tanto el vector polinizador el que transporte los granos de polen a otras flores de la misma especie para su polinización y fecundación

Las abejas son los polinizadores más cotizados entre las angiospermas conociéndose algo más de 20.000 especies en todo el mundo y algo más de 1.100 en España [Ortiz-Sánchez et al., 2018], siendo la *Apis mellifera iberiense* y la *Bombus terrestris* (abejorro), Fig. 4.3, dos de las especies más abundantes e importantes. El abejorro *Bombus terrestris* es muy usado para la polinización en invernaderos y en agricultura extensiva debido a su alto poder de polinización y docilidad. Con ellos se puede conseguir una mayor producción, un incremento en la calidad de frutos y hortalizas y una disminución de mano de obra.

Las abejas tienen el cuerpo velludo con pelos plumosos que se cargan electrostáticamente con cargas positivas durante el vuelo, debido al rozamiento con el aire. Al acercarse a la flor, también cargada electrostáticamente, pero con cargas negativas, se genera un campo eléctrico cuya intensidad incrementa al disminuir la distancia. Este campo eléctrico es lo suficientemente fuerte como para que los granos de polen pasen de la antera al cuerpo del polinizador y también de este al estigma [Moyroud and Glover, 2017].

La aproximación y aterrizaje con el ángulo correcto sobre una flor que se mueve por el viento no siempre es simple, y muchas flores han desarrollado estrategias que sacan provecho de la interrelación entre el polinizador, la superficie de la flor y la gravedad para limitar el acceso a ciertos tipos de insectos. Una forma simple mediante la cual muchas plantas mejoran el agarre y la eficiencia del manejo de sus flores es desarrollar células epidérmicas cónicas sobre los pétalos (Fig. 4.3). Estas células mejoran la eficiencia de la recolección de néctar y polen por las abejas debido a que suministran una superficie entrelazada para sus garras tarsales [Moyroud and Glover, 2017].

Algunas plantas han establecido una simbiosis con una especie de abeja determinada y sólo liberan el polen o endulzan su néctar cuando esa especie zumba en su corola con una frecuencia de aleteo adecuada.

Alrededor del 6 % de las angiospermas poseen flores con anteras que se abren a través de poros o rendijas, extrayéndose el polen en este tipo de flores más eficientemente por la vibración de las anteras que produce el zumbido de ciertas abejas especializadas, un comportamiento que ha evolucionado repetidamente entre ellas [Vallejo-Marín, 2019]. Por otra parte, las orquídeas están tremendamente especializadas y pueden imitar a otras abejas hembra como se verá más adelante.

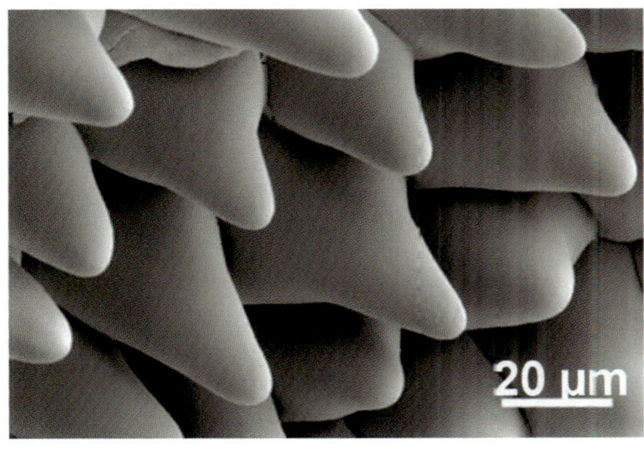



Fig. 4.3. De arriba a abajo: Especies de abejas *Apis mellifera iberiensis* y *Bombus terrestris*. Microfotografía de microscopía electrónica de barrido de las células epidérmicas cónicas de un pétalo de hibisco, adaptada de [Moyroud and Glover, 2017] con licencia de Wiley Materials para reproducirla.

Experimentalmente se sabe que las abejas pueden distinguir las flores por diferencias como la simetría [Giurfa et al., 1999; Rodríguez et al., 2004; Gómez el al., 2006; Wignal et al., 2006; Spencer and Kim, 2018], la localización [Makino and Sakai, 2007], la forma y tamaño [Galen and Cuba, 2001], el color de la corola [Schemske and Bradshaw, 1999], el aroma de los distintos órganos florales [Lawson et al., 2018] y la calidad del néctar [Cnaani et al., 2006]. Cada tipo de polinizador da lugar a unas características determinadas de la flor. Así, mientras que las abejas se sienten atraídas por flores blancas, amarillas o azules, las moscas lo hacen por colores blancos y rojos más que por los amarillos y azules. Además, las flores que usan moscas suelen tener olores que imitan a la basura, la carroña y la carne en descomposición. Algunos mamíferos son polinizadores. Los murciélagos son relevantes en zonas desérticas donde faltan abejas y aves. Las flores que los usan suelen ser nocturnas, grandes y de color blanco para reflejar la luz de la luna y presentan olores acres y rancios [Encina Santiso y Pimentel Pereira, 2020].

La fecundación comienza con la germinación del grano de polen sobre el estigma, lo que es posible si hay compatibilidad de las proteínas de la pared del grano de polen y los receptores que existen en las paredes del estigma. Cuando la fertilización se completa ningún grano de polen puede entrar. El óvulo fertilizado forma la semilla mientras que los tejidos del ovario se convierten en el fruto envolviendo la semilla.

Después de la fertilización comienza el desarrollo embrionario, al final del cual la semilla está lista para su dispersión. Se calcula que más del 99 % del polen producido en el mundo se pierde sin fertilizar nada. Basta un grano de polen para fecundar un óvulo y producir una semilla que podría dar una nueva planta con flores que pueden generar cada una *ca.* 100.000 granos de polen [Jahren, 2017].

## 4.2. Percepción de la simetría por los insectos polinizadores

La percepción de la simetría se ha estudiado fundamentalmente con las abejas, siendo las especies *Apis mellifera iberiensis* y el *Bombus terrestris* las más usados en estos estudios debido a su facilidad para adiestrar y manipular en experimentos de laboratorio. Sin embargo, mientras que estos insectos juegan un papel importante en la mayoría de los sistemas de polinización, sus capacidades sensoriales y comportamientos pueden no ser típicos de otros grupos de polinizadores como las mariposas, moscas y colibríes.

Cuando una abeja obrera deja su colonia por primera vez es una abeja sin experiencia o naif y no sólo debe aprender a localizar su entrada al nido, si no que se enfrenta a como distinguir las fuentes potenciales de alimento de todo lo demás que ve. Además de este tipo de abejas naif, también se han usado abejas experimentadas y enseñadas en el laboratorio usando tanto flores naturales como sintéticas [Neal et al., 1998; Giurfa et al., 1999; Rodríguez et al., 2004; Wignall et al., 2006; Séguin and Plowright, 2008; Spencer and Kim, 2018; Frasnelli et al., 2021; Bridges et al., 2024].

En la naturaleza las flores simétricas pueden presentar cierta asimetría causada por una variedad de factores medioambientales (como la deficiencia nutricional y la sequía), genéticos (como la endogamia), por la senescencia o por la acción de herbívoros [Wignall et al., 2006]. Así, el nivel de simetría de una flor es una clave confiable de la calidad genética de la misma, y las flores que exhiben un alto nivel de simetría pueden ofrecer gratificaciones más altas a los insectos polinizadores en comparación a flores menos simétricas dentro de la misma especie floral.

Así, estudios rigurosos con abejas naif confirman la preferencia innata que poseen por las flores simétricas en vez de asimétricas, quizás debido a una sensibilidad neuronal a la simetría como una respuesta evolutiva a las gratificaciones o premios asociados a un néctar más dulce o abundante. Además, las abejas muestran una predisposición para aprender y generalizar la simetría, porque si se entrenan para ello la escogen más frecuentemente, se acercan más y se ciernen más tiempo sobre el nuevo estímulo simétrico que las abejas entrenadas para la asimetría hacen ante el nuevo estímulo asimétrico [Spencer and Kim, 2018].

Se ha encontrado que diferentes grupos taxonómicos de polinizadores visitan preferentemente flores zigomorfas y también actinomorfas [Neal et al., 1998; Giurfa et al., 1999; Rodríguez et al., 2004; Spencer and Kim, 2018], sugiriendo que algunos insectos polinizadores tienen preferencias innatas para flores o modelos simétricos. Esto es una indicación de que la simetría floral es una clave distintiva para reconocer la calidad fenotípica y genotípica de las angiospermas.

La percepción de la simetría en abejorros (*Bombus terrestris*) sin experiencia se ha estudiado en modelos simétricos y asimétricos [Rodríguez et al., 2004] y se ha encontrado que tienen una preferencia innata por la simetría bilateral, en el contexto de la búsqueda de comida, y además, que tales preferencias no se ven afectadas por la presencia de señales destacadas de color. El hecho de que los abejorros estén ya preparados para responder a la simetría en el primer vuelo en busca de alimento, pese a la presencia de importantes señales orientativas como el color, subraya el papel de la simetría como una señal que guía la elección del animal. Este hallazgo es curiosamente similar al hecho de que en los humanos el color no afecta a la preferencia por la simetría [Morales and Pashler, 1999].

Adicionalmente, una preferencia innata por la simetría en las abejas naif indica que los caminos específicos del procesamiento sensorial en su sistema nervioso están preparados para responder a señales sensoriales relevantes en el ambiente [Rodríguez et al., 2004]. Sin embargo, esta preferencia innata de las abejas puede fácilmente ser invalidada o inhibida por información adquirida mediante la experiencia individual [Gumbert, 2000].

La simetría radial también parece jugar un papel importante en la visión de las abejas melíferas, ya que pueden discriminar entre modelos radialmente simétricos de otros tipos de modelos sin importar el número de elementos contenidos en ellos [Giurfa et al., 1999]. También se ha encontrado que las abejas melíferas distinguen entre simetría radial y bilateral en flores reales prefiriendo la primera. Además, la asimetría en bruto producida por la pérdida de pétalos en flores con simetría radial puede ser discriminada por las abejas melíferas, sin embargo, su resolución visual es incapaz de discriminar desviaciones a una escala menor de la simetría radial [Wignall et al., 2006].

Por otra parte, los estudios realizados con las flores de hipérico [Diller and Fenster, 2016] han mostrado que los insectos polinizadores son indiferentes a la quiralidad en la corola. Ésta no tiene ningún efecto sobre los polinizadores ni sobre el movimiento del polen entre y dentro de las dos formas quirales. Además, no se encontró incompatibilidad polen-estigma entre flores dextrorsas y sinistrorsas ni diferencias en las semillas.

A parte de la simetría externa de la flor (la corola), también hay una simetría interna de las guías hacia el néctar, que a veces coincide con la externa. Por lo que el insecto debe percibir en primer lugar la simetría total cuando está a cierta distancia de la flor, la cual dependerá del tamaño de la corola, del ángulo que la flor tiende con respecto al ojo del polinizador y de si tiene una vista frontal de la misma. Una vez que el insecto se posa o cierne sobre la flor debe distinguir el nectario por las guías nectarias o por su reflexión de la luz UV como se ha dicho anteriormente. Así, las abejas también se pueden entrenar para asociar la luz UV con una recompensa como el néctar [Chittka et al., 1994]

Recientemente [Frasnelli et al., 2021] han hallado que en los vuelos en busca de comida influye el tamaño de las abejas. Así, el tamaño de las obreras de abejorro *Bombus terrestris*, varía entre 2,5 y 6,9 mm. Las abejas grandes pueden viajar a distancias mayores y pueden transportar mayores cantidades de alimento que las abejas pequeñas. Además, las abejas grandes resisten más el frío (pueden salir más temprano en busca de comida) y tienen ojos más sensibles que las pequeñas. Esto hace que las abejas grandes sean más selectivas en la elección de las flores para alimentarse, eligiendo aquellas que les proporcionan mayores recompensas. Por el contrario, las abejas pequeñas no son tan selectivas y aceptan un mayor rango de flores para alimentarse cerca del nido.

Tanto las abejas melíferas como los abejorros buscan comida en flores que les puedan suministrar el néctar más dulce o abundante. Al encontrar la flor deciden ellos mismos si merece la pena explotarla y, si es así, aprenden sus características y localización. Algunas características de la flor (esencialmente la simetría) las aprenden durante la aproximación a la misma. Si esta información es válida de retener, sólo la determinan después de que hayan probado el néctar que le ofrece la flor. La evaluación de la flor influye en los vuelos de aprendizaje que tienen lugar en las abejas melíferas y abejorros después de dejar una flor recién descubierta como fuente de alimento. Ambas especies de abejas durante estos vuelos regresan varias veces a la flor para encararla y así poder recoger más información de su aspecto y de lo que la rodea como una guía para poder regresar a ella. Además, los abejorros encaran más las flores artificiales cuando la concentración de sacarosa de la disolución suministrada por la flor artificial es mayor. La información obtenida de las mejores flores es suministrada al resto de la colonia en el nido en el caso de las abejas melíferas. Sin embargo, cada abejorro mantiene para él el resultado de su exploración [Frasnelli et al., 2021].

[Giurfa et al., 1999] sugirieron que las abejas exhiben en el caso de la simetría capacidades cognitivas tales como formación de conceptos y categorización a pesar de sus sistemas nerviosos simples. La formación de un concepto de simetría simplemente reflejaría la capacidad del insecto para manejar información perteneciente a objetos relevantes de su ambiente, tales como las flores, en una forma extremadamente flexible.

Por otra parte, el humilde abejorro (*Bombus terrestris*) es un animal con un cerebro cuyo tamaño es de *ca.* 0,0005 % el de un chimpancé y aun así es capaz de aprender de otros lo que no puede aprender el solo mediante ensayo y error [Bridges et al., 2024]. Para llegar a esta conclusión los anteriores autores diseñaron un experimento en el que usaron una caja con un rompecabezas

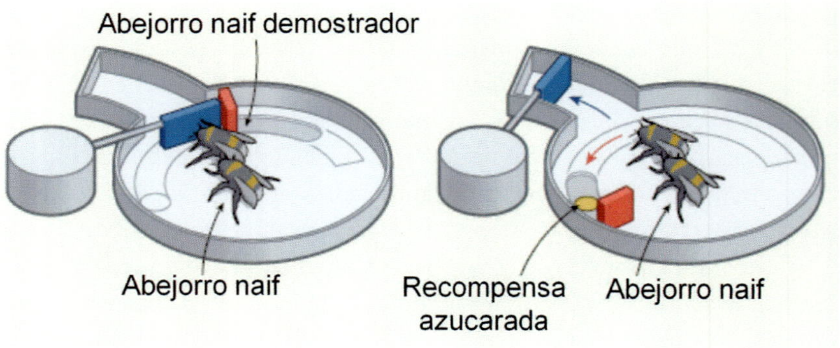


FIG. 4.4. Los abejorros pueden aprender de otros las habilidades que no podrían aprender solos en su vida. Figura adaptada de [Bridges et al., 2024; Thornton, 2024], artículos con licencia abierta CC BY 4.0.

en dos pasos (Fig. 4.4), en la cual un abejorro tenía que mover primero una lengüeta azul para dejar libre el paso a otra lengüeta roja, que al empujarla daba acceso a una recompensa en forma de disolución azucarada. Durante un largo período de 24 días ningún abejorro naif de tres colonias distintas logró solucionar el rompecabezas y alcanzar la recompensa. Entonces los autores, mediante un minucioso proceso, entrenaron a varios abejorros naif a resolver el rompecabezas y alcanzar la recompensa, sirviendo estos de demostradores para otros abejorros naif. Sorprendentemente, cinco de quince abejorros naif expuestos a los demostradores consiguieron aprender ellos mismos como alcanzar la recompensa. Esto sugiere que el aprendizaje social podría permitir la adquisición de comportamientos demasiados complejos para re innovar mediante aprendizaje individual. Estos resultados también cuestionan la idea de que aprender socialmente estos comportamientos es sólo privativo de los humanos [Bridges et al., 2024; Thornton, 2024].

# Evolución y bases moleculares de la simetría floral

La primera flor angiosperma ancestral (*ca.* 129-121 ma) tenía simetría radial si se considera sólo el perianto, también la simetría radial es ancestral entre las clases monocots y eudicots. No está claro porqué el perianto fue inicialmente radial, quizás debido a las restricciones evolutivas de hacer la primera flor o por el mecanismo de polinización usado por las primeras flores [Spencer and Kim, 2018]. Así, las flores actinomorfas al tener simetría radial son morfológicamente accesibles a los vectores polinizadores desde todas las direcciones (siguiendo los diferentes planos especulares). Esto hace que aumente su capacidad en un entorno no competitivo.

La evolución hacia las flores zigomorfas ocurrió entre el último cretácico (*ca.* 67 ma) y el paleoceno (*ca.* 56,5 ma), estando esta evolución unida a una explosión de la diversidad en la forma de estas flores y en los tipos de insectos polinizadores conocido como "síndrome de la polinización". Es decir, hubo una coevolución planta-polinizador beneficiosa mutuamente y que une la simetría de la flor, la ecología de los polinizadores visitantes y sus aptitudes. Esto explica porque las flores relacionadas vagamente evolucionaron para exhibir los mismos fenotipos florales y de esta forma atraer a los mismos tipos de polinizadores. El registro fósil demuestra que la aparición de las flores zigomorfas coincide con la diversificación de insectos polinizadores especializados, lo que implica que la evolución hacia la zigomorfia pudo facilitar la interacción planta-polinizador [Citerne et al., 2010; Spencer and Kim, 2018; Jiang and Moubayidin, 2022].

Por esta razón, la disponibilidad del polinizador ejercerá una fuerte presión selectiva para que la simetría floral evolucione a la más adecuada. Así, la diversificación de la simetría en las angiospermas se corresponde consistentemente con una alta frecuencia en los cambios de los polinizadores. Aunque el "síndrome de la polinización" es muy usado para explicar la evolución de la simetría floral, sin embargo, éste no puede explicar completamente todos los casos debido a la variación de las condiciones ecológicas, especificidad de las especies y eficiencia de la polinización. Además, también se ha demostrado que la evolución de la simetría también está limitada por la presencia o ausencia de otras características florales [Spencer and Kim, 2018].

Existen varias hipótesis que intentan explicar la fuerza impulsora precisa para la evolución de las flores zigomorfas. Así, una de las más usadas es la "hipótesis de la posición del polen". Mientras que las flores actinomorfas ofrecen varias claves direccionales (sus diferentes planos especulares) hacia el centro de la flor donde se encuentran los órganos sexuales, las flores zigomorfas dan una información más precisa (orientación del único plano especular) al polinizador visitante. Por lo que la eficiencia de la polinización en las flores zigomorfas será más alta, pues el polinizador estará mejor posicionado con respecto a los órganos reproductivos para una transferencia más precisa del polen a su cuerpo, aumentando la probabilidad de que los granos de polen alcancen un estigma compatible [Sargent, 2004]. La "hipótesis de la posición del polen" está también avalada por la codependencia de la evolución de la simetría bilateral con la presencia de una corola para atraer polinizadores y la reducción de los estambres para mejorar la transferencia de los granos de polen [Armsbruster et al., 2009].

El mejor posicionamiento del polen sobre el cuerpo del polinizador podría generar aislamiento reproductivo entre las especies zigomorfas, porque las mutaciones que causan cambios en este posicionamiento pueden disminuir el flujo de genes entre especies incipientes. Así, los linajes bilateralmente simétricos tienden a ser más ricos en el número de especies que los linajes hermanos radialmente simétricos, jugando así la simetría floral un papel clave en la formación de nuevas especies angiospérmicas [Sargent, 2004].

La asombrosa precisión por la que el polen se sitúa sobre el cuerpo del polinizador que visita flores zigomorfas se ejemplifica con algunas especies de orquídeas en la que las formas de las flores son tan complejas que incluyen estructuras altamente específicas que sólo tipos concretos de polinizadores pueden acceder a ella para alimentarse. Un ejemplo extremo de la complejidad de las flores zigomorfas son las orquídeas del género *Ophrys* [Algarra y Blanca, 2011]. Así, la *Ophrys apifera* produce una floración que imita la forma y el olor de una abeja hembra en celo (Fig. 5.1) para atraer abejas macho en busca de

FIG. 5.1. Orquídea *Ophrys apifera.*

una pareja para aparearse, por lo que la polinización tiene lugar por engaño sexual o pseudocopulación. [Spaethe et al., 2007; Paulus, 2019].

Cada especie de *Ophrys* tiene su propio insecto polinizador y depende de él para su supervivencia. Los machos se dan cuenta del engaño después de visitar unas pocas flores y evitan otros intentos de pseudocopulación posteriores. Por tanto, sólo los machos inexpertos son atraídos y engañados, por esto sólo entre el 5 y 10 % aproximadamente de la población de *Ophrys* llega a ser polinizada [Spaethe et al., 2007]. Sin embargo, es suficiente para preservar su población, teniendo en cuenta que cada flor fertilizada produce alrededor de 12.000 diminutas semillas.

Otro posible beneficio de las flores zigomorfas es el mejor acceso del polinizador al tener más grandes pétalos ventrales, lo que hace más visible la flor y que los polinizadores como abejas y otros insectos puedan aterrizar más fácilmente [Neal et al., 1998]. Las flores zigomorfas están sujetas a dos tendencias opuestas. Por una parte, favorecen el aislamiento reproductivo mediante la especialización planta-polinizador y, de aquí, que se favorezca la formación de nuevas especies como se ha comentado anteriormente, pero, por otra parte, la especialización puede ser tan extrema que una alta dependencia de un número limitado de polinizadores puede, en último extremo, conducir a la extinción [Reyes et al., 2016].

La evolución no siempre es un proceso unidireccional, en línea recta hacia adelante, de hecho, la simetría bilateral surgió independientemente varias veces de flores ancestrales con simetría radial. También se ha observado el fenómeno inverso varias veces, de simetría bilateral a radial. Todos estos cambios se produjeron múltiples veces en diferentes períodos de tiempo y nichos ecológicos [Reyes et al., 2016].

Generalmente, se acepta ampliamente que la retención de la simetría radial, su conversión a simetría bilateral y su reversión a simetría radial fueron, probablemente, dependientes de las interacciones planta-polinizador. Así, las plantas tropicales de la familia de las Malpighiaceae tienen flores zigomorfas que son polinizadas por las abejas del aceite de las flores (abejas del género Macropis). La diversificación de este grupo de plantas en los trópicos del Viejo Mundo en el que no se da este tipo de polinizador coincide con su reversión a la simetría radial [Zhang et al., 2010; Spencer and Kim, 2018]. Por otra parte, la interacción con otros animales no polinizadores puede conducir a interacciones con polinizadores que promueven la simetría, Así, el uso de defensas químicas en vez de espinas para disuadir a los herbívoros permite a los pájaros polinizar las flores hakea australiana [Hanley et al., 2009; Spencer and Kim, 2018].

Sin embargo, es también importante señalar que no todas las flores son polinizadas por insectos ya que algunas son anemófilas. La polinización por el viento puede explicar la retención de la simetría radial ancestral en algunos casos. Puesto que la simetría bilateral evolucionó muchas veces independientemente, es improbable que la evolución de esta simetría estuviese limitada por la simetría radial ancestral. Los estudios evolutivos muestran que las velocidades de ganancia y pérdida de la simetría bilateral a través de la evolución fueron iguales, lo que podría explicar por qué ambos acontecimientos ocurrieron tantas veces [O'Meara et al., 2016; Spencer and Kim, 2018].

Debido a los cambios en simetría a veces surgen algunas flores anormales con simetría radial en una especie que usualmente produce flores con simetría bilateral. Estas son mutantes espontáneas de la simetría floral y se denominan flores pelóricas, término acuñado por Darwin. Un ejemplo de flor pelórica es la *Digitalis purpurea*, dedalera, que se muestra en la Fig. 5.2.

FIG. 5.2. *Digitalis purpurea*, dedalera.

## 5.1 BASES MOLECULARES DE LA SIMETRÍA FLORAL

Los mecanismos moleculares que gobiernan el desarrollo y la evolución de la simetría floral han sido extensamente estudiados durante las últimas décadas usando diferentes plantas modelos, tanto de las monocots como eudicots [Luo et al., 1996; Almeida et al., 1997; Cubas et al., 1999; Corley et al., 2005; Citerne et al., 2010; Zhang et al., 2010; Raimundo et al., 2013; Hileman, 2014; Theißen et al., 2016; Spencer and Kim, 2018; Lucibelli et al., 2020; Otero et al., 2021; Chai et al., 2023].

La base molecular de la simetría floral, así como la de otros procesos relevantes acerca del desarrollo, ciclo de vida y metabolismo de las plantas, está regulada por la acción de factores de transcripción (FTs) específicos. Los FTs son proteínas reguladoras que tienen la función de activar o más raramente inhibir la transcripción del código genético mediante su unión a un dominio del ADN que reconocen. Una vez unidas regulan la frecuencia del inicio de la transcripción de su(s) gen(es) blanco(s)

Los FTs pueden contener uno o más dominios de unión al ADN y son esenciales para la expresión genética, encontrándose en todos los organismos vivos [Latchman, 1997]. El número de familias de FTs ha incrementado durante la evolución debido al incremento en complejidad del genoma de las plantas [Lucibelli et al., 2020]. La clasificación de los FTs está basada en la presencia de dominios capaces de enlazarse a una secuencia de una proteína reguladora.

Dos FTs importantes en el crecimiento y desarrollo de las angiospermas son los del dominio TCP (acrónimo del nombre de tres genes encontrados en tres especies florales: TEOSINTE BRANCHED 1; CYCLOIDEA and PROLIFERATING CELL FACTOR 1 and 2) y los del dominio MYB [Spencer and Kim 2018; Lucibelli et al., 2020; Chai et al., 2023]

El *Antirrhinum majus* (Figs. 2.3 y 3.2), perteneciente a la clase de las eudictots, fue la primera planta usada como especie modelo y hoy día es donde se conocen mejor las bases moleculares que controlan la simetría floral [Luo et al., 1996; Almeida et al., 1997; Corley et al., 2005]. Es por esto por lo que nos vamos a referir a ella únicamente en este libro.

Esta flor salvaje es típicamente zigomorfa y sus pétalos están fuertemente diferenciados a lo largo del eje dorsoventral (Fig. 5.3 izquierda). Los pétalos superiores (dos dorsales) y los inferiores (dos laterales y un único pétalo ventral)

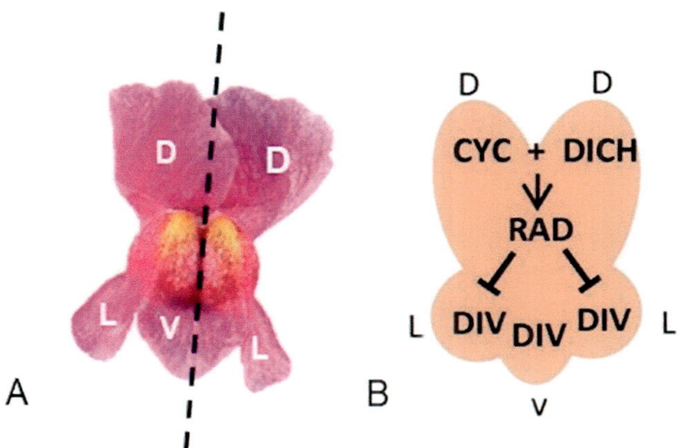


FIG. 5.3. De izquierda a derecha: Eje dorso-ventral en el *Antirrhinum majus*. Pétalos dorsales (D), laterales (L) y ventral (V) y Regulación genética de la simetría floral en *Antirrhinum majus*. Esta última figura adaptada de [Spencer and Kim, 2018], artículo con licencia abierta CC BY 4.0.

difieren en tamaño simetría interna y tipo de células epidérmicas [Donoghue et al., 1998; Corley et al., 2005; Citerne et al., 2010; Spencer and Kim, 2018]. Así, los lóbulos de los pétalos dorsales son grandes y asimétricos, mientras que el pétalo ventral es más pequeño y bilateralmente simétrico.

Investigaciones sobre los mecanismos moleculares que regulan la zigomorfía en la flor salvaje de *Antirrhinum majus* demostraron que viene determinada, desde las primeras fases de su desarrollo, por cuatro genes clave como son: CYCLOIDEA (CYC), DICHOTOMA (DICH), RADIALIS (RAD) y DIVARICATA (DIV). Estos genes son los reguladores de la codificación de las características dorsoventrales de las flores. CYC y DICH especifican el código genético para proteínas del FT del dominio TCP [Spencer and Kim 2018; Cubas et al., 1999], mientras que RAD y DIV lo hacen para proteínas del FT del dominio MYB [Spencer and Kim 2018; Lucibelli et al., 2020].

Los estudios genéticos indican que CYC, DICH y RAD determinan la identidad dorsal mientras que DIV determina la identidad del pétalo ventral. CYC y DICH activan RAD que a su vez reprime la actividad de DIV en la región dorsal (Fig. 5.3 derecha). A partir de este modelo inicial los detalles de varias rutas moleculares se han podido explicar. Los genes CYC, DICH y RAD interactúan para controlar la identidad dorsal, clave para producir

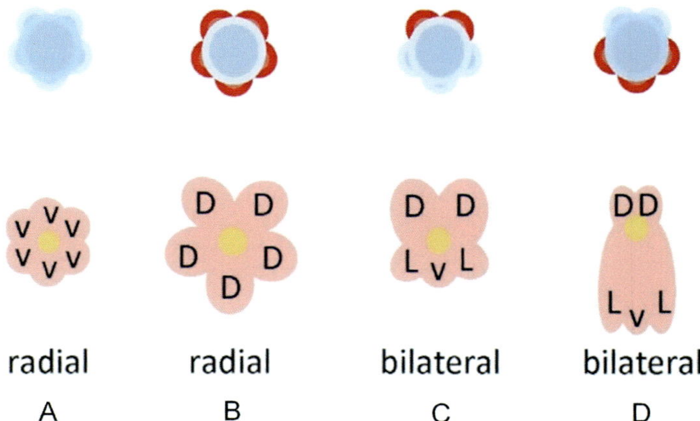



Fig. 5.4. Alteraciones en el modelo de expresión espacial de CYC pueden dar lugar a flores con simetrías diferentes. Adaptada de [Spencer and Kim, 2018], artículo con licencia abierta CC BY 4.0.

flores zigomorfas y cuando alguno de ellos está ausente o muta se pierde parcialmente esta identidad y los pétalos ganan en identidad ventral. Así, en la doble mutación o ausencia de CYC y DICH la simetría bilateral se pierde completamente dando lugar a flores pelóricas, simétricas radialmente, con sólo pétalos ventrales, Fig. 5.4 A, [Luo et al., 1996; Corley et al., 2005; Spencer and Kim, 2018]. Una sobreexpresión de CYC conduce a la dorsalización de todos los pétalos, Fig. 5.4 B, lo que da lugar a flores radialmente simétricas. La expresión dorsal o ventral de CYC genera flores con simetría bilateral, Figs. 5.4 C y D, respectivamente.

Estudios posteriores mostraron que CYC se expresa en toda la superficie de cada uno de los pétalos dorsales, mientras que DICH se expresa únicamente en la mitad de cada pétalo dorsal. RAD también se expresa principalmente en los pétalos dorsales mediante su activación por los genes CYC and DICH, Fig. 5.3 derecha. La identidad del pétalo ventral en el *Antirrhinum majus* viene determinada por el gen DIV y cuando el gen DIV muta o está ausente, el pétalo ventral se convierte en lateral resultando una flor con dos pétalos dorsales y tres laterales y simetría bilateral. DIV también puede expresarse en la región dorsal pero la inhibición de su actividad en esta región está facilitada por RAD y DRIF (acrónimo de DIV-AND-RAD-INTERACTING-FACTOR). Así, RAD y

DIV compiten para interaccionar con la proteína DRIF del FT del dominio MYB, que en la presencia de RAD en la región dorsal forma un complejo RAD-DRIF en vez del DIV-DRIF, inhibiendo de esta forma la expresión de DIV en la región dorsal [Raimundo et al., 2013; Spencer and Kim, 2018]. Por el contrario, la ausencia de RAD en la región ventral permite la formación del complejo DIV-DRIF y su expresión en esa región.

Por otra parte, las hormonas vegetales pueden controlar o ser controladas por genes TCP como son CYC y DICH y, por tanto, influir en la simetría floral. Así, se ha encontrado que la aplicación de la hormona vegetal auxina (ácido indolacético) en el centro del meristemo del brote apical de la *Antirrhinum majus* produce flores simétricamente radiales en vez de bilaterales. Este cambio en la simetría floral fue la principal respuesta al tratamiento [Bergbush, 1999; Spencer and Kim, 2018].

El modelo de expresión de los genes CYC en los órganos florales dorsales de las flores simétricas bilateralmente se ha demostrado en un gran número de especies pertenecientes a los órdenes de las Fabales, Brassicales, Asterales y Malphigiales [Zhang et al., 2010; Lucibelli et al., 2020]. Las flores con simetría bilateral predominan en órdenes de plantas con un gran número de especies tales como las Lamiales (al que pertenece la *Antirrhinum majus*), lo que indica que la simetría bilateral podría estar relacionada con la velocidad de formación de nuevas especies mediante la evolución [Hileman et al., 2003].

En la familia de las Gesneriaceae (Lamiales) las flores tienen generalmente simetría bilateral [Endress, 1999]. Sin embargo, durante la evolución y diversificación de esta familia ha habido muchos sucesos de reversión de simetría bilateral a radial. Estas transiciones en simetría floral están asociadas a mutaciones de genes específicos y/o a alteraciones de sus perfiles de expresión [Hileman, 2014; Spencer and Kim, 2018; Lucibelli et al., 2020]. Así, la planta *Conandron ramondioides*, Fig. 5.5, tiene flores actinomorfas y en ella hay un cambio del modelo de expresión de los genes homólogos implicados en la simetría de la *Antirrhinum majus*. La pérdida de expresión de los genes CYC y RAD en los pétalos y la expresión ubicua del gen DIV, se asocian con la ventralización de los pétalos de esta especie [Lucibelli et al., 2020].

Actualmente se han hecho progresos significativos para comprender la evolución de la simetría floral [Spencer and Kim, 2018; Chai et al., 2023]. El análisis de la duplicación y expresión de los genes en relación a la posición

FIG. 5.5. *Conandron ramondioides.*

filogenética de las especies revelan que los genes CYC han estado involucrados en el desarrollo de la simetría floral. Además, la alteración de la expresión del gen CYC parece ser un camino relativamente fácil y económico para cambiar la simetría floral en respuesta a condiciones ecológicas y nichos evolutivos. Sin embargo, no está claro porqué el gen CYC es preferido a otros reguladores o como su expresión se regula en cada linaje floral. En teoría, cualquier gen que controle el crecimiento del pétalo puede crear simetría bilateral cuando se exprese de forma diferente a través de la flor. Por lo que otros componentes genéticos podrían ser tenidos en cuenta para comprender completamente este complejo fenómeno de la evolución de la simetría floral [Spencer and Kim, 2018; Lucibelli et al., 2020; Chai et al., 2023].

# Bibliografía

ALGARRA, J.; BLANCA, G. (2011). *Ophrys* L. En: Blanca, G.; Cabezudo, B.; Cueto, M.; Fernandez Lopez.; Morales Torres, C (eds.). *Flora Vascular de Andalucía Oriental* 1: 219-225. Universidades de Almería, Granada, Jaén y Málaga. Granada.

ALMEIDA, J.; ROCHETA, M.; GALEGO, L. (1997) Genetic control of flower shape in *Antirrhinum majus*. Development 124, 1387-1392. https://doi.org/10.1242/dev.124.7.1387

ARMBRUSTER, W.S.; PÉLABON, C.; HANSEN, T.F.; BOLSTAD, G. H. (2009) Macroevolutionary patterns of pollination accuracy: a comparison of three genera. New Phytol. 183(3), 600-617. https://doi.org/10.1111/j.1469-8137.2009.02930.x

BARRETT, S.C.H.; JESSON, L.K.; BAKER, A.M. (2000) The evolution and function of stylar polymorphisms in flowering plants. Ann. Botany 85 (suppl A), 253-265. https://doi.org/10.1006/anbo.1999.1067

BERGBUSH, V. (1999) A note on the manipulation of flower symmetry in *Antirrhinum majus*. Annals of Botany 83, 483-488. https://doi.org/10.1006/anbo.1998.0844

BRIDGES, A.D.; ROYKA, A.; WILSON, T.; LOCKWOOD, C.; RICHTER, J.; JUUSOLA, M.; CHITTKA, L. (2024). Bumblebees socially learn behaviour too complex to innovate alone. Nature 627, 572-578. https://doi.org/10.1038/s41586-024-07126-4

CAVERO, R.Y.; LÓPEZ, M.L. (2007) Introducción a la botánica (3ª ed.). Ediciones Universidad de Pamplona, S.A. Navarra.

Chai, Y.; Liu, H.; Chen, W.; Guo, C.; Chen, H.; Cheng, X.; Chen, D.; Luo, C.; Zhou, X.; Huang, C. (2023) Advances in research on the regulation of floral development by CYC-like genes. Curr. Issues Mol. Biol. 45, 2035–2059. https://doi.org/10.3390/cimb45030131

Chittka, L.; Shmida, A.; Troje, N.; Menzel, R. (1994) Ultraviolet as a component of flower reflections, and the colour perception of hymenoptera. Vision Res. 34 (11), 1489-1508. https://doi.org/10.1016/0042-6989(94)90151-1

Citerne, H.; Jabbour, F.; Nadot, S.; Damerval, C. (2010) The evolution of floral simmetry. Adv. Bot. Res. 54, 85-137. http://doi.org/10.1016/S0065-2296(10)54003-5

Cnaani, J.; Thomson, J.D.; Papaj, D.R. (2006) Flower choice and learning in foraging bumblebees: effects of variation in nectar volume and concentration. Ethology 112, 278–285. https://doi.org/10.1111/j.1439-0310.2006.01174.x

Coen, E.S.; Nugent, J.M. (1994) Evolution of flowers and inflorescences. Development 120, 107-116. https://doi.org/10.1242/dev.1994.Supplement.107

Conway, J.H.; Burgiel, H.; Goodman-Strauss, C. (2016) The symmetries of things. Boca Raton, FL: CRC Press.

Corley, S.B.; Carpenter, R.; Copsey, L.; Coen, E. (2005) Floral asymmetry involves an interplay between TCP and MYB transcription factors in *Antirrhinum*. Proc. Natl. Acad. Sci. USA 102, 5068-5073. https://doi.org/10.1073/pnas.0501340102

Cubas, P.; Lauter, N.; Doebley, J.; Coen, E. (1999) The TCP domain: a motif found in proteins regulating plant growth and development. The Plant Journal 18(2), 215–222. https://doi.org/10.1046/j.1365-313X.1999.00444.x

Dameral, C.; Nadot, S. (2017) Letter to the 21st century botanist: "What is a flower?" 6. The evo-devo of floral symmetry. Botany Letters 164, 193-196. https://doi.org/10.1080/23818107.2017.1358664

Darwin, C. (2009) El origen de las especies. Edición conmemorativa. Editorial Espasa Calpe, S.A. Madrid.

Devesa Alcaraz, J.A.; Carrión García, J.S. (2017) Las plantas con flor. Apuntes sobre su origen, clasificación y diversidad. UCO Press. Editorial Universidad de Córdoba, España. 2ª edición electrónica.

Diller, C.; Fenster, C.B. (2016) Corolla chirality does not contribute to directed pollem movement in *Hypericum Perforatum* (Hypericaceae): mirror image pinwheel function as radially symmetric flowers in pollination. Ecol. Evol. 6(14), 5076-5086. http://doi.org/10.1002/ece3.2268

Donoghue, M.J.; Ree, R.H.; Baum, D.A. (1998). Phylogeny and the evolution of flower symmetry in the Asteridae. Trends Plant Sci. 3(8), 311-317. https://doi.org/10.1016/S1360-1385(98)01278-3

du Sautoy, M. (2009) Simetría. Un viaje por los patrones de la naturaleza. Ed. Acantilado. Barcelona

Encina Santiso, J.; Pimentel Pereira, M. (2020) La botánica en 100 preguntas. Ed. Nowtilus

Endress, P.K. (1999) Symmetry in flowers: Diversity and evolution. Int. J. Plant. Sci. 160, S3-S23.

Endress, P.K. (2001) Evolution of floral simmetry. Curr. Opin. Plant Biol. 4, 86-91. https://doi.org/10.1016/S1369-5266(00)00140-0

Frasnelli, E.; Robert, T.; Chow, P.K.Y.; Scales, B.; Gibson, S.; Manning, N.; Philippides, A.O.; Collett, T.S.; Hempel de Ibarra N. (2021) Small and large bumblebees invest differently when learning about flowers. Current Biology 31, 1058–1064. https://doi.org/10.1016/j.cub.2020.11.062

Galen, C.; Cuba, J. (2001) Down the tube: pollinators, predators, and the evolution of flower shape in the alpine skypilot, *Polemonium viscosum*. Evolution 55, 1963–1971. https://doi.org/10.1111/j.0014-3820.2001.tb01313.x

GIURFA, M.; DAFNI, A.; NEAL, P.R. (1999) Floral simmetry and its role in plant-pollinator systems. Int. J. Plant Sci. 160, S41-S50. https://doi.org/10.1086/314214

GÓMEZ, J.M.; PERFECTTI, F.; CAMACHO, J.P.M. (2006) Natural selection on *Erysimum mediohispanicum* flower shape: insights into the evolution of zygomorphy. Am. Nat. 168, 531–545. https://doi.org/10.1086/507048

GUMBERT, A. (2000) Color choices by bumble bees (Bombus terrestris): innate preferences and generalization after learning. Behav. Ecol. Sociobiol. 48, 36–43. https://doi.org/10.1007/s002650000213

HANLEY, M.E.; LAMONT, B.B.; ARMBRUSTER, W.S. (2009) Pollination and plant defence traits co-vary in Western Australian *Hakeas*. New Phytologist 182, 251–260. https://doi.org/10.1111/j.1469-8137.2008.02709.x

HEISENBERG, W. (1966) Natural law and the structure of matter. *In* Frontiers of modern scientific philosophy and humanism. The Athens Meeting 1964, organized by the Royal National Foundation, Athens, Elsevier, Amsterdam.

HILEMAN, L.C.; KRAMER, E.M.; BAUM, D.A. (2003) Differential regulation of symmetry genes and the evolution of floral morphologies. Proc. Natl. Acad. Sci. USA 100, 12814-12819. https://doi.org/10.1073/pnas.1835725100

HILEMAN, L.C. (2014) Trends in flower symmetry evolution revealed through phylogenetic and developmental genetic advances. Phil. Trans. R. Soc. B 369, 20130348. http://dx.doi.org/10.1098/rstb.2013.0348

HUHEEY, J.E.; KEITER, E.A.; KEITER, R.L. (1993) Simmetry and group theory. In: Inorganic chemistry. Principles of structure and reactivity. Ch. 3. 4th Edition. Harper Collins College Publishers, New York (USA).

JAHREN, H. (2007) La memoria secreta de las hojas. Ed. Paidós, Barcelona.

JESSON, L.K.; BARRETT, S.C.H. (2002) Solving the puzzle of mirror-image flowers. Nature 417, 707. https://www.nature.com/articles/417707a

Jiang, Y.; Moubayidin, L. (2022) Floral symmetry: the geometry of plant reproduction. Emerg. Top. Life Sci. 6, 259-269. https://doi.org/10.1042/ETLS20210270

Latchman, D.S. (1997) Transcription Factors: An Overview. Int. J. Biochem. Crll Biol. 29, 1305-1312. https://doi.org/10.1016/S1357-2725(97)00085-X

Lawson, D.A.; Chittka, L.; Whitney, H.M.; Rands, S.A. (2018) Bumblebees distinguish floral scent patterns, and can transfer these to corresponding visual patterns. Proc. R. Soc. B 285, 20180661. http://dx.doi.org/10.1098/rspb.2018.0661

Lucibelli, F.; Valoroso, M.C.; Aceto, S. (2020) Radial or bilateral? The molecular basis of floral symmetry. Genes 11, 395. https://doi.org/10.3390/genes11040395

Lunau, K.; Ren, Z-X.; Fan, X-Q.; Trunschke, J.; Pyke, G.H.; Wang, H. (2020) Nectar mimicry: a new phenomenon. Scientific Reports 10, 7039. https://doi.org/10.1038/s41598-020-63997-3

Luo, D.; Carpenter, R.; Vincent, C.; Copsey, L.; Coen, E. (1996) Origin of floral asymmetry in *Antirrhinum*. Nature 383, 794-799. https://doi.org/10.1038/383794a0

Makino, T.T.; Sakai, S. (2007) Experience changes pollinator responses to floral display size: from size-based to reward-based foraging. Funct. Ecol. 21, 854–863. https://doi.org/10.1111/j.1365-2435.2007.01293.x

Moyroud, E.; Glover, B.J. (2017) The physics of pollinator attraction. New Phytologist 216, 350–354. https://doi.org/10.1111/nph.14312

Millás, J.J.; Arsuaga, J.L. (2022) La muerte contada por un sapiens a un neandertal. Penguin Random House. Grupo Editorial, S.A.U. Barcelona

Morales, D.; Pashler, H. (1999) No role for colour in symmetry perception. Nature 399, 115-116. https://doi.org/10.1038/20103

Neal, P.R.; Dafni, A.; Giurfa, M. (1998) Floral simmetry and its role in plant-pollinator systems: terminology, distribution and hypotheses. Annu. Rev. Ecol. Syst. 29, 345-373. https://doi.org/10.1146/annurev.ecolsys.29.1.345

O'Meara, B.C.; et al. (2016) Non-equilibrium dynamics and floral trait interactions shape extant angiosperm diversity. Proc. R. Soc. B 283, 20152304. http://dx.doi.org/10.1098/rspb.2015.2304

Ortiz-Sánchez, F.J.; Aguado-Martín, L.O.; Ornosa, C. (2018) Diversidad de abejas en España, tendencia de las poblaciones y medidas para su conservación (Hymenoptera, Apoidea, Anthophila). Ecosistemas 27(2), 3-8. https://doi.org/10.7818/ECOS.1315

Otero, A.; Fernández-Mazuecos, M.; Vargas, P. (2021) Evolution in the model genus *Antirrhinum* based on phylogenomics of topotypic material. Front. Plant Sci. 12, c631178. https://doi.org/10.3389/fpls.2021.631178

Paulus, H.F. (2019) Speciation, pattern recognition and the maximization of pollination: general questions and answers given by the reproductive biology of the orchid genus *Ophrys*. J. Comp. Physiol. A 205, 285–300 https://doi.org/10.1007/s00359-019-01350-4

Prenner, G.; Vergara-Silva, F.; Rudall, P.J. (2009) The key role of morphology in modelling inflorescence architecture. Trends Plant Sci. 14, 302-308. https://doi.org/10.1016/j.tplants.2009.03.004

Raimundo, J.; Sobral1, R.; Bailey, P.; Azevedo1, H.; Galego, L.; Almeida, J.; Coen, E.; Costa, M.M.R. (2013) A subcellular tug of war involving three MYB-like proteins underlies a molecular antagonism in Antirrhinum flower asymmetry. The Plant Journal 75, 527–538. https://doi.org/10.1111/tpj.12225

Reyes, E.; Sanquat, H.; Nadot, S. (2016) Perianth simmetry changed at least 199 times in angiosperm evolution. Taxon 65, 945-964. http://dx.doi.org/10.12705/655.1

Rodríguez, I.; Gumbert, A.; Hempel de Ibarra, N.; Kunze, J.; Giurfa, M. (2004) Simmetry is in the eye of the 'beeholder': innate preference for bilateral simmetry in flower-naïve bumblebees. Naturwissenschaften 91, 374-377. https://doi.org/10.1007/s00114-004-0537-5

Ronse de Craene, L.P.; Smets, E.F. (1994) Merosity in flowers: definition, origin, and taxonomic significance. Pl. Syst. Evol. 191, 83- 104. https://doi.org/10.1007/BF00985344

Ronse de Craene, L.P. (2007) Are petals sterile stamens or bracts? The origin and evolution of petals in the core eudicots. Ann. Botany 100, 621-630. https://doi.org/10.1093/aob/mcm076

Sargent, R.D. (2004). Floral symmetry affects speciation rates in angiosperms. Proc. Roy. Soc. Ser. B, Biol. Sci. 271, 603–608. https://doi.org/10.1098/rspb.2003.2644

Savriana, Y.; Klingenberg, C.P. (2011) Beyond bilateral simmetry: geometric morphometric methods for any type of simmetry. BMC Evol. Biol. 11, 280. http://www.biomedcentral.com/1471-2148/11/280

Savriana, Y. (2018) A step-by-step guide for geometric morphometrics of floral simmetry. Front. Plant Sci. 9, article 1433. http://doi.org/10.3389/fpls.2018.01433

Schemske, D.W.; Bradshaw. H.D. (1999) Pollinator preference and the evolution of floral traits in monkeyflowers (*Mimulus*). Proc. Natl Acad. Sci. USA 96, 11910–11915. https://doi.org/10.1073/pnas.96.21.11910

Séguin, F.R.; Plowright, C.M.S. (2008) Assessment of pattern preferences by flower-naïve bumblebees. Apidologie 39, 215–224. https://doi.org/10.1051/apido:2007056

Simonin, K.A.; Roddy, A.B. (2018) Genome downsizing, physiological novelty, and the global dominance of flowering pants. PLoS Biol 16(1), e2003706. https://doi.org/10.1371/journal.pbio.2003706

Simpson, M.G. (2019a) Evolution of flowering plants. In: Plant Systematics (3rd ed.), Ch. 6, 167-185. Academic Press. https://doi.org/10.1016/B978-0-12-812628-8.50006-7

Simpson, M.G. (2019b) Taxonomy and phylo genetic systematics. In: Plant Systematics (3rd ed.), Ch. 2, 17-52. Academic Press. https://doi.org/10.1016/B978-0-12-812628-8.50002-X

Simpson, M.G. (2019c) Diversity and classification of flowering plants: Amborellales, Nymphaeales, Austrobaileyales, Magnoliids, Monocots, and Ceratophyllales. In: Plant Systematics (3rd ed.), Ch. 7, 187-284. Academic Press. https://doi.org/10.1016/B978-0-12-812628-8.50007-9

Spaethe, J.; Moser, W.H.; Paulus, H.F. (2007) Increase of pollinator attraction by means of a visual signal in the sexually deceptive orchid, *Ophrys heldreichii* (Orchidaceae). Plant Syst. Evol. 264, 31–40. https://doi.org/10.1007/s00606-006-0503-0

Spencer, V.; Kim, M. (2018) Re "CYC"ling molecular regulators in the evolution and development of flower simmetry. Semin. Cell Dev. Biol. 79, 16-26. https://doi.org/10.1016/j.semcdb.2017.08.052

Theiben, G.; Melzer, R.; Rümpler, F. (2016) MADS-domain transcription factors and the floral quartet model of flower development: linking plant development and evolution. Development 143, 3259-3271. https://doi.org/10.1242/dev.134080

Thornton, A. (2024) Learning from others what cannot be learnt alone. Nature 627, 491-492. https://doi.org/10.1038/d41586-024-00427-8

Vallejo-Marín, M. (2019) Buzz pollination: studying bee vibrations on flowers. New Phytologist 224, 1068–1074. https://doi.org/10.1111/nph.15666

Wignall, A.E.; Heiling, A.M.; Cheng, K.; Herberstein, M.E. (2006) Flower simmetry preferences in honeybees and their crab spider predators. Ethology 112, 510-518. https://doi.org/10.1111/j.1439-0310.2006.01199.x

Zhang, W.; Kramer, E.M.; Davis, C.C. (2010) Floral symmetry genes and the origin and maintenance of zygomorphy in a plantpollinator mutualism. Proc. Natl. Acad. Sci. USA 107, 6388–6393. https://doi.org/10.1073/pnas.0910155107

Zsila, F.; Deli. J.; Simonyi, M. (2001) Color and chirallity: carotenoid self-assemblies in flower petals. Planta 213, 937-942. https://doi.org/10.1007/s004250100569

Ft-2